The Universe and Dr. Einstein

우주와
아인슈타인 박사

The Universe and Dr. Einstein
by Lincoln K. Barnett

Copyright © 1948, 1950, 1957 by Lincoln K. Barnett
Copyright © renewed 1985 by Hildegarde Barnett
Copyright © renewed 2014 by Timothy L. Barnett
and Robert M. Barnett
All rights reserved.

Korean translation copyright ⓒ 2019 by Geulbom Creative Co.
Arranged with Timothy L. Barnett and Robert M. Barnett.

이 책의 한국어판 저작권은 티머시 바넷·로버트 바넷과 직접 계약한 글봄크리에이티브에 있습니다. 저작권법에 의해 한국 내에서 보호를 받는 저작물이므로 무단전재와 복제를 금합니다.

THE UNIVERSE and Dr. EINSTEIN

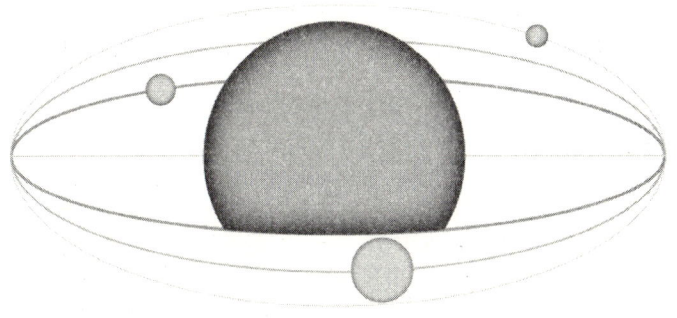

우주와 아인슈타인 박사

Why should we philosophize the Theory of Relativity?
왜 우리는 상대성이론을 철학해야 하나?

일러두기

▎ 이 책은 미국 Dover Publications에서 출간한 Lincoln Barnett의 *The Universe and Dr. Einstein*을 번역한 것입니다. Dover판은 William Morrow and Company가 1957년에 출간한 *The Universe and Dr. Einstein Second Revised Edition*을 원전으로 한 것입니다. 1948년 초판과 1957년 개정판, 2005년 Dover판을 비교하면서 번역했습니다.

▎ 이 책에 게재된 시점은 원전의 개정판이 발간될 당시인 1957년 기준을 그대로 적용했습니다. 따라서 본문에 '오늘날' 등으로 제시된 시점은 원전의 초판 또는 개정판의 발간 시점임을 알려드립니다.

▎ 장별 제목과 중간제목, 발문은 원전에는 없습니다. 독자의 편의를 위해 편집부에서 추가했습니다.

▎ 독자의 이해를 돕기 위해 다음과 같이 각주를 구분했습니다. 옮긴이 주는 [◆], 지은이 주는 [●]로 처리했습니다.

아인슈타인의 추천사

다소 추상적인 과학의 주제를 대중적인 방식으로 소개해본 적이 있는 사람이라면, 그러한 시도가 얼마나 어려운 일인지를 잘 알고 있다. 어떤 이들은 문제의 핵심은 감추고서 독자들에게 피상적인 모습이나 막연한 암시만을 보여줌으로써 알기 쉽게 설명하는 데는 성공할지 모른다. 그러나 이는 자칫 주제와 내용을 다 이해한 듯한 착각을 불러일으켜 결국 독자를 속이는 것이 된다. 반대로 어떤 이들은 과학의 주제를 너무 전문적인 언어로 해설한 나머지 일반 독자가 그 내용을 따라가기 어렵게 만들고, 과학서적에 대한 흥미와 독서 욕구마저 떨어뜨리기도 한다.

　　오늘날 대중을 위한 과학 해설서에서 위의 두 가지 부류를 제외하면 놀랍게도 남는 게 거의 없다. 그러나 이러한 두 가지 문제점을 극복한 소수의 과학 해설서는 참으로 소중한 가치를 지닌다. 이는 대중에게 과학연구의 노력과 성과를 독자들 자신의 의식과 지성으로 체험해볼 수 있는 기회를 제공한다는 점에서 매우 중요하다. 해당 분야 몇몇 전문가들이 그 성과를 이어받아 더 발전시키고 응용하는 것만으로는 충분하지 않다. 지식의 핵심 내용을 소수 그룹에만 국한하는 것은 대중의 철학적 사고를 약화시키는 것이며, 이는 결국 정신적 빈곤을 초래하게 한다.

링컨 바넷의 이 책은 과학을 대중적으로 알리는 데에 값진 기여를 했다. 그중에서도 나의 상대성이론의 핵심개념이 지극히 잘 소개돼 있으며, 더 나아가 우리가 알고 있는 물리학 지식의 현주소를 아주 적절하게 기술해놓았다. 저자는 과학지식의 실제적인 성장이 모든 실증적 데이터를 포괄하는 통합이론에 대한 노력과 함께 어떤 방법으로 현 시점에까지 이르렀는지 그 진화과정을 보여준다. 그러나 현재의 상황은 모든 과학적 성과나 업적에도 불구하고 기본적인 이론의 개념을 채택함에 있어서는 여전히 불확실성을 안고 있다.

1948년 9월 10일
미국 뉴저지주 프린스턴에서
알베르트 아인슈타인

지은이의 글

이 책을 쓰는 데에 많은 도움과 조언을 아끼지 않으신 프린스턴대학교 물리학과의 앨런 센스턴 박사와 발렌틴 버그먼 박사, 뉴저지 프린스턴고등연구소의 허먼 웨일 박사와 캘리포니아 공과대학의 H.P. 로버트슨 박사에게 감사드립니다. 또한 초고를 읽어주시고 특별히 천문학 부문과 관련해 참고가 될 만한 귀중한 조언과 비평을 해주신 하버드천문대의 할로우 섀플리 박사에게도 사의를 표합니다.

「하퍼 매거진」에 발표하기 이전의 초고는 물론, 지금 선보이는 증보판에 이르기까지 원고를 읽고 수정해주시고 저술 과정에 드러난 어려운 문제를 해결하도록 인내심과 정성을 다해 시간과 지식을 제공해주신 컬럼비아대학교 물리학과 윌리엄 해이븐스 박사에게 특별히 감사의 마음을 전합니다.

링컨 바넷

목차

05 　　　아인슈타인의 추천사
07 　　　지은이의 글

12 　　**1장　우주의 실체를 향한 인간의 도전**
　　　　질서 있는 우주와 인간의 무관심 | 대우주와 소우주를 잇는 다리 | 우주의 다양성을 한 이론으로 설명 | '왜'에서 '어떻게'로 이동한 과학의 쟁점

24 　　**2장　보이는 것과 실체 사이의 간극**
　　　　양자론과 상대성이론의 출현 | 경험과 인지의 세계로부터 멀어진 물리학 | 객관적 실체가 없는 시간과 공간 | 빛나지 않는 빛 | 인식을 꿰뚫는 신비로운 질서

36 　　**3장　양자론과 광전효과**
　　　　복사에너지, 불연속 양자의 공간이동 | 광전효과로 양자이론의 가치 증명 | 파동인가 입자인가! 빛의 이중성 | 우주의 기본 단위, 전자 | 확률파와 파립자의 세계

52 　　**4장　양자역학과 불확정성원리**
　　　　불확정성, 자연의 궁극적 장벽 | 흔들린 인과론과 결정론 | 신은 주사위 놀이를 하지 않는다 | 미시세계에서 텅 빈 공간과 시간의 세계로

62　**5장　뉴턴과 갈릴레오의 상대성원리**

위치와 운동의 상대성 | 뉴턴 상대성원리의 철학적 의의 | 에테르와 뉴턴 우주론에 대한 도전 | 방향에 관계없이 빛의 속도는 일정

74　**6장　특수상대성이론과 시간의 정의**

자연법칙, 등속운동하는 모든 계에 동일 | 시간의 감각도 인식의 한 형태 | 주관적 인식에서 객관적 개념으로 | 변환법칙과 빛 | 광속불변원리 | 속도합산원리의 오류와 동시성의 상대성 | 기준계마다 특정 시간이 있다

92　**7장　고전물리학과 특수상대성이론**

로렌츠 변환과 막대자의 수축 | 빛의 속도는 우주 최고의 제한속도 | 상식이란 18세 이전에 습득한 편견 덩어리 | 안 보이는 물질 입자의 전혀 다른 행태

100　**8장　질량이 곧 에너지, $E=mc^2$**

물체가 작아지면서 무거워질 수 있을까? | 에너지도 질량을 갖는다 | 물질과 에너지의 상호변환 | 질량과 에너지의 실체 | 모든 운동계를 지배하는 신비한 힘

110　**9장　일반상대성이론의 예비지식: 4차원 시공연속체**

비행을 물리적 실체로 구체화하려면 | 시간과 공간은 뗄 수 없는 관계 | 수억 년 전 별빛이 내 눈앞에 | 우주적 장엄을 설명할 수 있는 조건

120　**10장　일반상대성이론의 출발점: 관성과 중력**

운동은 일종의 상대적인 상태 | 절대운동의 기준계로서 빈 공간 | 아인슈타인 이론의 발판은 뉴턴의 관성법칙 | 질량에 상관없이 같은 속도로 낙하

130 **11장 중력과 관성의 등가원리**

공간의 개념에는 위아래가 없다 | 중력은 힘이 아닌 물체의 경로 | 중력장이라는 물리적 실체 | 구조법칙과 운동법칙 | 빛에 미치는 중력의 효과 예측

146 **12장 일반상대성이론: 빛에 미치는 중력의 효과**

질량을 갖고 중력장의 영향을 받는 빛 | '아인슈타인 효과'와 중력파

154 **13장 일반상대성이론으로 본 우주의 모습**

공간이라는 무한 바다를 떠도는 섬우주 | 지구의 곡률, 유클리드를 비웃다 | 유한하지만 경계가 없는 우주 | 구성물질에 의해 결정되는 곡률

164 **14장 여전히 풀지 못한 우주의 기원**

헝겊 붙인 풍선처럼 팽창하는 우주 | 태초의 우주 대폭발 | 최대 엔트로피 상태를 향하는 우주 | 증명하지 못한 '맥동하는 우주' | 암흑과 붕괴를 향하는 우주

178 **15장 자연계의 힘과 법칙을 한데 묶는 통일장이론**

상대성이론과 양자론을 잇는 다리, 통일장 | 중력과 전자기력을 실체로 표현 | 우주 전체는 하나의 기본장 | 보이지 않는 것에서 나온 보이는 것들

196　　부록
198　　찾아보기
206　　옮긴이의 글
212　　감수자의 글

1 / 우주의 실체를 향한 인간의 도전

> 우리가 살고 있는 세계를 묘사하고 설명하는 것이 과학의 목적인 만큼 통일된 하나의 이론으로 우주의 다양성을 정의할 수 있다면 과학은 그 궁극적인 목표에 도달할 수 있을 것 같다. 그러나 실체를 향한 인간의 과학적 의문이나 행보와는 달리 '설명'이란 말의 의미는 점점 위축되고 있다. 아직도 과학은 전기, 자기, 중력 등의 실체를 '설명'하지 못하는 게 사실이다.

미국 뉴욕 리버사이드교회의 하얀 벽에는 성현, 철학자, 유명한 왕들을 비롯해 여러 시대를 아우르는 위인 600명의 조각상이 불멸의 눈으로 시간과 공간을 초월해 자리하고 있다. 천재 과학자들로 장식된 서쪽 입구에는 기원전 370년께 세상을 떠난 히포크라테스부터 1955년에 타계한 20세기 최고의 과학자 아인슈타인에 이르기까지 수십 세기에 걸쳐 탄생한 과학자 14명의 조각상이 서 있다. 여기에 선정된 위인들은 교회 건립 당시 아인슈타인을 제외하고는 모두가 고인이었다. 아인슈타인은 그가 생존시에 동시대 사람들이 갖고 있던 '세계'에 대한 인식, 즉 세계를 보는 눈을 뒤바꿔놓은 유일한 존재다.

그럼에도 뉴욕 맨해튼에서 가장 크고 화려한 교회에 매주 예배하러 오는 수천 명의 사람들에게 아인슈타인의 조각상이 왜 그곳에 있는지를 물으면 거의 99%가 대답을 잘 못하리라는 것도 주목할 만하다. 그 교회에 조각상 건립을 계획한 때는 한 세대 전으로 거슬러 올라간다. 당시 해리 에머슨 포스딕 박사는 미국 내 지명도 있는 과학자들에게 편지를 보내어 과학사에 길이 남을 위대한 과학자 14명의 명단을 뽑아달라고 부탁했다. 과학자들이 추천한 명단은 각양각색이었다. 아르키메데스, 유클리드, 갈릴레오, 뉴턴의 이름이 자주 등장했고 그 외에는 각자의 기준에 따라 다양한 이름들이 제시됐다. 하지만 알베르트 아인슈타인만큼은 언제나 빠짐없이 포함

그림 1. 리버사이드교회의 과학자 14인 조각상 —— 이 조각상은 미국 뉴욕 맨해튼 리버사이드교회 서쪽 입구에 자리하고 있다. 사진의 윗줄 오른쪽에서 두 번째가 1929년 교회 건립 당시 유일한 생존 인물이었던 아인슈타인 상이다. (출처: https://einstein-website.de)

돼 있었다.

1905년, 특수상대성이론Theory of Special Relativity이 처음 발표된 이래로 50년이 넘게 아인슈타인의 과학적 명성과 업적이 일반에 잘 알려지지 않은 것은 미국 교육의 허점을 여실히 보여주는 것이라 하겠다. 오늘날 대부분의 신문 독자는 아인슈타인을 원자폭탄과 관련 있는 인물 정도로만 어렴풋이 알고 있을 뿐이다. 조금 더 안다 해도 그의 이름은 그저 '난해한 사람'과 같은 말로 여겨질지 모른다. 그의 이론이 현대 과학의 주요 부분을 형성했음에도, 대부분은 아직 교과 과정에서 다루고 있지 않기 때문이다.

질서 있는 우주와 인간의 무관심

대학 졸업생들조차도 아인슈타인에 대해 '물리적 실체를 향한 인류의 고되고 오랜 대장정에서 매우 중요한 우주 법칙을 발견한 과학자'로 알기보다 '수학적 초현실주의자'로 여기는 것은 그리 놀랄 만한 일이 아니다. 그들은 상대성이론이 그 자체의 과학적 가치를 뛰어 넘어 로크, 버클리, 흄과 같은 위대한 인식론자들의 사상을 발전시키는 데에 중요한 철학적 체계를 형성하고 있다는 것도 잘 모른다. 결국 사람들은 자기가 살고 있는 광활하고 신비롭고 불가사의할 정도로 질서 있는 '우주'에 대해서는 별 개념이 없다는 얘기다.

 오랫동안 미국 뉴저지 프린스턴 고등연구소에서 명

예교수로 재직해 있던 아인슈타인 박사는 25년 이상 그를 괴롭혀온 어려운 문제 하나를 푸는 데에 생의 마지막 해(1955년 4월 18일 타계)를 보냈다. 그 난제는 바로 그의 통일장이론Unified Field Theory으로, 우주에 존재하는 두 개의 근본적인 힘, 즉 중력과 전자기를 지배하는 물리적 법칙을 상호 일관된 일련의 방정식으로 표현한 이론이다. 외부로 드러나는 세계의 대부분의 현상은 이 두 가지 근본적인 힘에 의해 발생한다는 사실을 깨닫게 될 때 통일장이론의 중요성을 제대로 평가할 수 있다.

대우주와 소우주를 잇는 다리

고대 그리스 문명이 태동하던 시기에 이미 전기와 자기의 존재를 알았고 그에 대한 연구가 진행돼왔으며, 100년 전(1820~1830)까지도 이 둘은 별개의 것으로 간주됐다. 그러나 19세기 초에 있었던 에르스텟과 패러데이의 실험으로 전류는 항상 자기장에 둘러싸여 있고, 반대로 어떤 조건에서는 자기력이 전류를 유도한다고 밝혀냈다.

에르스텟과 패러데이의 실험은 광파, 전파, 그밖에

다른 모든 전자기교란이 공간으로 퍼져나갈 때 그 움직임을 지배하는 '전자기장Electromagnetic Field'을 발견하는 계기가 됐다. 이로써 전기와 자기를 단일한 하나의 힘(힘의 근원은 같으나 외관상 서로 다른 현상 _옮긴이)으로 볼 수 있게 되었다. 중력과 최근 새로 발견된 중간자힘(meson forces, 원자핵의 다양한 부분을 함께 쥐고 있는 핵력의 매개체 _옮긴이)을 제외한 나머지 거의 모든 물질과 우주 안의 힘, 즉 마찰력·화학력(분자 안에서 원자를 결합)·응집력(더 큰 입자들을 결합)·탄성력(물체의 형상을 유지) 등은 모두 그 힘의 근원을 전자기에 두고 있다. 그 이유는 이 모든 물리적 힘이 물질 간의 상호작용과 연관돼 있고, 그 상호작용중인 물질은 원자로 돼 있으며, 이들은 차례로 전자기장을 발생하는 전기 입자로 구성돼 있기 때문이다.

그럼에도 중력과 전자기적 현상 간의 유사점은 매우 확연하다. 행성이 태양의 중력장 안에서 돌고 있는 것과 유사하게 전자는 원자핵의 전자기장 내에서 빠르게 핵 주위를 돌고 있다. 게다가 지구는 하나의 커다란 자석이다. 이러한 사실이 조금 이상할지 모르지만, 나침반을 사용해본 적이 있는 사람이라면 분명히 알 수 있는 얘기다. 태양 역시 자기장을 갖고 있으며, 하늘의 별들도 마찬가지다.

중력의 작용을 전자기 효과로 해석해보려는 수많은 시도들이 있었지만 모두 실패하고 말았다. 1929년에 아인슈타인은 자신의 시도가 성공한 것으로 생각해 통일장이론의 첫 버전을 발표했지만, 훗날 스스로도 그 이론이 적절치 않다고 여겨 채택하지 않게 된다. 그러나 1949년 말께 완성된 새 이론은 훨씬 더 심혈을 기울인 야심작이었다. 그것은 우주 공간에 펼쳐진 별들 사이 무한한 중력장과 전자기장뿐 아니라 원자 내부의 너무 작아 다루기 힘든 장field까지 포함하도록 고안된 일련의 보편적 법칙을 새롭게 발표했기 때문이다.

통일장이론의 포괄적이고 원대한 목표가 실현될지는 지금부터 수개월 혹은 수년 내에 수학적, 실험적 연구를 통해 결정될 것으로 보인다. 그러나 광대한 우주의 모습이 낱낱이 드러나고 거시세계와 미시세계, 즉 하나는 너무 크고 하나는 너무 작아 서로 다른 법칙을 적용해야

하는, 혼돈스럽고 심오한 모습이 완벽히 이해될 때 비로소 두 실체를 이어주는 다리가 놓이게 된다. 그렇게 되면 우주의 복잡한 구조는 물질과 에너지를 구분할 수 없는 균일한 직물과 같은 구조로 표현될 것이다. 또한 은하계의 느린 회전운동으로부터 전자의 아주 빠른 비행에 이르기까지 모든 형태의 운동이란 근본적인 장의 구조와 강도의 변화를 단순히 보여주는 것이 된다.

우주의 다양성을 한 이론으로 설명

우리가 살고 있는 세계를 묘사하고 설명하는 것이 과학의 목적인 만큼 조화롭게 통일된 하나의 이론으로 우주의 다양성을 설명할 수 있다면 과학이 추구하는 궁극의 목표에 도달할 수 있을 것 같다. 그러나 실체를 향한 인간의 과학적 의문이나 진보와는 달리 '설명'이란 말의 의미는 점점 위축되고 있다. 아직도 과학은 전기, 자기, 중력 등의 실체를 '설명'하지 못하고 있는 게 사실이다. 비록 전기, 자기, 중력에 의해 나타나는 결과를 측정하고 예측할 수는 있어도 그 궁극적 속성은 파악하지 못하고 있다.

이는 마치 기원전 580년경 불꽃에서 전기를 띠는 대전현상을 최초로 발견한 밀레토스 학파의 탈레스가 그랬던 것처럼 현대 과학자들도 모르기는 마찬가지다. 대부분의 현대 물리학자들은 이 신비스런 힘(전기, 자기, 중력)의 실체가 무엇인지 인간이 밝혀낼 것이라고 생각하지는 않는다.

"전기는 성바오로 대성당처럼 눈에 보이는 사물이 아니다. 그것은 사물이 행동하는 방식이다. 어떤 사물이 전기를 띤다고 했을 때 그것이 어떻게 움직이며 언제 어떤 환경에서 전기를 띠는가를 말할 수 있다면 이미 할 말은 다한 것이다"라고 버트런드 러셀은 말했다. 그러나 과학자들은 최근까지도 이러한 논제를 비웃어왔다.

자연과학으로 2000년 동안 서양 사상을 지배했던 아리스토텔레스는 보편적이고 자명한 원칙을 바탕으로 추론해보면 인간이 궁극적인 실체를 이해할 수 있다고 믿었다. '우주 만물에는 각자가 속한 고유의 자리가 있다'는 것을 하나의 예로 들어보자. 이것은 자명한 원리다. 따라서 땅에 속한 물체는 땅으로 떨어지며 연기는 위로 속한 까닭에 위로 올라간다고 추론할 수 있다. 아리스토텔레스 과학의 목표는 '왜' 현상이 발생하는가, '왜' 사건이 일어나는가를 설명하는 데에 있었다.

'왜'에서 '어떻게'로 이동한 과학의 쟁점

그러나 갈릴레오 시대부터 과학은 '왜'가 아니라 '어떻게' 일이 일어나는가를 설명하기 시작한다. 이는 오늘날 과학적 탐구의 기초를 이루는 대조실험법의 기원이 되었다. 갈릴레오와 다음 세대에 등장한 뉴턴의 발견으로부터 시작해 힘, 압력, 장력, 진동과 파장 등 기계적 우주의 모습이 밝혀지고 진화됐다.

자연의 모든 과정은 뉴턴의 놀라울 정도로 정확한 역학법칙을 통해 예측되거나 구체적인 모델로 묘사되어 일상적인 경험들을 예로 다 설명될 수 있을 것처럼 보였다. 그러나 한 세기가 바뀌기도 전에 뉴턴의 역학법칙에서 벗어나는 문제들이 나타나기 시작했다. 비록 그 일탈의 정도는 미미했으나 뉴턴의 기계적 우주라는 거대한 구조물이 근본적으로 흔들리는 심각한 일이었다. 사물이나 현상이 '어떻게' 일어나는지를 과학이 설명할 수 있다는 확신은 약 20년 전부터 희미해지기 시작했다. 지금 이 순간, 과학적인 사고를 가진 우리 인간은 과연 그 실체에 접근하고 있는가, 아니면 장차 그 실체에 접근할 가능성은 있는가 하는 것은 여전히 의문으로 남아 있다.

아직도 인간은 전기, 자기, 중력 등의 실체를 설명하지 못하고 있다. 장차 그 실체에 접근할 가능성이 있는지도 여전히 의문으로 남아 있다.

2／ 보이는 것과 실체 사이의 간격

> 아인슈타인은 색깔·모양·크기 등의 개념과 마찬가지로, 공간이나 시간 역시 우리의 인식 범위 안에서 정의되고 존재한다고 말했다. 공간은 우리가 그 속에서 인식하는 객체의 순서나 배치 이외에 어떤 객관적 실체도 갖고 있지 않다. 공간 안에 있는 객체들이 이루고 있는 어떤 질서나 배열을 보고 그 공간의 실체를 파악할 수 있다는 말이다.

특정 원리에 따라 규칙적으로 작동한다는 '기계적 우주'에 대한 물리학자들의 믿음에 처음으로 의심을 품게 한 요소들이 나타났다. 그것은 인간 지식의 한계점, 즉 눈으로 확인할 수 없는 원자의 영역과 그 깊이를 잴 수 없는 광대한 은하계 공간 속에서 어렴풋이 드러나기 시작했다. 그로 인해 원자와 은하계에서 일어나는 현상을 정량화해 설명하고자 1900년과 1927년 사이에 위대한 두 이론체계가 탄생했다. 하나는 물질과 에너지의 기본 구성 요소를 다루는 '양자론'이며, 다른 하나는 공간·시간·우주의 구조를 총체적으로 다루는 '상대성이론'이다.

양자론과 상대성이론의 출현

이 두 이론체계는 현대 물리학 사상의 양대 기둥으로 인정받고 있으며, 이를 통해 각자의 영역에서 일어나는 현상을 일관성 있는 수학적 관계로 설명할 수 있게 됐다.

두 이론은 현재 과학탐구의 주축인 뉴턴 학파의 방법론에서 벗어나게 했다. 고대 아리스토텔레스 학파는 '왜 현상이 일어나는가'라는 질문으로 실체를 알아내려 한 반면, 뉴턴 학파는 '어떻게 현상이 일어나는가'라는 질문으로 실체를 파악하려 했다. 아리스토텔레스 학파가 묻는 '왜'라는 질문에 뉴턴의 법칙이 답을 하지 않는 것처럼, 양자론과 상대성이론 역시 뉴턴 학파가 묻는 '어떻게'라는 질문에 답하지 않는다. 양자론과 상대성이론은 아리스토텔레스의 '왜'도 아니고 뉴턴의 '어떻게'도 아닌 또 다른 방법으로 실체를 보기 시작했다.

양자론과 상대성이론이 제시하는 방정식은 빛의 방사(빛의 입자성)와 빛의 전파(빛의 파동성)를 지배하는 법칙을 분명하게 정의하고 있다. 그러나 원자가 어떻게 빛을 방출하고 빛이 어떻게 공간 속으로 퍼져나가는지, 그 실제적인 메커니즘은 알 수 없기 때문에 이는 여전히 자연의 최고 미스터리로 남아 있다.

비슷한 예로, 방사능의 현상을 지배하는 법칙을 보면 과학자들이 주어진 양의 우라늄에서 어떤 특정한 수의 원자는 반드시 특정 시간 내에 붕괴돼 사라질 것(핵분열로 한 원소가 다른 원소로 바뀌는 현상 _옮긴이)이라는 예측을 할 수 있다. 그러나 정확히 어떤 원자가 붕괴될 것인지, 어떻게 붕괴될 원자로 선택되는지는 여전히 답을 할 수 없는 질문들이다.

물리학자들이 수학적 표현방법을 통해 자연을 이해하려고 하면서 그들은 보통의 경험세계, 즉 인간의 감각기관을 통한 인지의 세계에서 점점 더 멀어지게 됐다. 이로 인한 심각성을 이해하기 위해 사물에 대한 철학적인 접근방식, 즉 형이상학이 인간의 사고방식, 특히 앞서 언급한 물리학에 어떤 영향을 주었는가를 살펴볼 필요가 있다. 관찰자와 실체, 주체와 객체 사이의 관계에 개입된 문제는 인간의 이성이 시작된 때부터 지금까지 철학적 사상가들을 괴롭혀 왔다.

경험과 인지의 세계로부터 멀어진 물리학

23세기 전, 그리스의 철학자 데모크리토스는 이렇게 기술한 바 있다. "색깔과 마찬가지로 달고 쓰고, 차갑고 따뜻하다는 맛의 표현은 인간의 느낌과 생각 속에만 존재할 뿐, 그 실체를 말하는 건 아니다. 실제로 존재하는 것(실체)은 불변의 입자들, 원자와 빈 공간에서 일어나는 원자의 움직임뿐이다." 갈릴레오 역시 색깔, 냄새, 맛, 소리 같은 감각적 특성은 지극히 주관적인 것으로 알고 있었다. 그는 "어떤 대상을 건드릴 때 그 객체가 느끼는 간지럼과 고통이 주관적인 것처럼 색깔, 냄새, 맛, 소리도 마찬가지다"라고 지적했다.

영국의 철학자 존 로크는 물체의 1차 성질과 2차 성질에 대해 뚜렷이 구분함으로써 물질의 진정한 본질을 꿰뚫어보려고 했다. 그는 형태, 운동, 고체성, 그리고 모든 기하학적 속성을 1차 성질로 보아 그 물체 자체의 고유한 성질로 생각했다. 반면 색깔, 소리, 맛과 같은 2차 성질은 단지 감각기관에 투영된 것일 뿐이라고 간주했다. 이렇듯 물질의 본질을 밝혀내기 위한 인위적인 구분 방식은 훗날 사상가들에게서도 뚜렷이 나타났다.

독일의 위대한 수학자 라이프니츠는 "빛·색깔·열뿐만 아니라 운동·형태·넓이도 단지 겉으로만 보이는 성질, 즉 본질이 아닌 현상일 뿐임을 증명할 수 있다"고 했다. 우리의 시각에 의해 골프공은 희다고 알 수 있는 것처럼, 촉각에 의해 그 공은 둥글고 매끄럽고 작다는 것을 알 수 있다. 즉 '희다'는 색깔과 '둥글고 매끄럽고 작다'는 형태 모두가 우리의 감각기관을 통해 인지된 특성을 말할 뿐 실체를 말하는 것은 아니다. 이렇게 해서 철학자와 과학자들은 서서히 다음과 같은 놀라운 결론에 도달했다. "개별 객체는 그것이 갖고 있는 여러 가지 성질의 합성으로 인식되고, 그 여러 가지 속성이란 오직 인식을 통해 표현된다. 따라서 물질과 에너지, 원자와 별들로 이뤄진 총체적이고 객관적인 우주는 인간의 감각에 의해 형성된 기존의 인식 체계, 즉 인간의 '의식구조' 없이는 표현되지 않는다."

객관적 실체가 없는 시간과 공간

반유물론자였던 버클리는 위의 사실을 다음과 같이 표현했다. "하늘과 땅을 구성하는 모든 것, 한 마디로 이 세상에서 최강의 구조를 형성하고 있는 모든 개체들은 인간의 주관적인 마인드가 없다면 실체는 존재하지 않는다. 단지 인간의 인식 방법에 따라 현재 명명된 실체를 부여받았을 뿐이다. 내 눈앞에 있는 개체들을 실제로 인식하지 못하거나, 내 기억 속에 없거나, 타인의 인식 속에도 존재하지 않는다면 실제로 존재한다 해도 엄밀히 말하면 존재하는 게 아니다. 그렇지 않다면 어떤 영원한 정신Eternal Spirit 속에만 존재하는 게 틀림없다.

아인슈타인은 이러한 논리를 최대 한계점까지 끌고

갔다. 그는 공간과 시간조차도 직관, 즉 사고나 증명 없이 사실을 받아들이는 인지 영역으로 형성된 것이며, 색깔·모양·크기 등의 개념과 마찬가지로 공간이나 시간 역시 우리의 인식 범위 안에서 정의되고 존재한다고 말했다. 즉 공간은 우리가 그 속에서 인식하는 객체의 순서나 배치 이외에 그 어떤 객관적 실체도 갖고 있지 않다. 공간 안에 있는 객체들이 이루고 있는 어떤 질서나 배열을 보고 그 공간의 실체를 파악할 수 있다는 말이다. 시간 역시 그 자체로는 실체가 없지만 시간대별로 기록된 사건의 순서를 보고 특정 시간이란 실체를 알 수 있다. 시간은 그것을 측정하는 사건의 순서와 무관하게 존재하지 않는다.

이렇듯 쉽게 분간하기 힘든 철학적 시각의 차이는 현대 과학에 지대한 영향을 끼쳤다. 철학자들이 인간의 지각을 통해 객관적 실체를 표현하는 과정에서 실제로 존재하는 복잡한 현상을 단순하게 축소하는 문제가 드러나면서, 과학자들 역시 인간의 감각에는 자신들을 당혹스럽게 하는 한계점이 있음을 알게 됐다.

프리즘을 통과한 햇빛이 굴절돼 스크린에 비친 무지개색 스팩트럼을 본 적이 있는 사람은 육안으로 볼 수 있는 가시광선의 전 영역을 다 본 것이다. 인간의 눈은 빛에너지의 전 영역 중에서 빨간색과 보라색 사이, 즉 가시광선 영역에만 반응을 보인다.

1cm의 수십만분의 1이라는 극미한 파장의 차이가 우리 눈에 보일지 여부를 결정한다. 빨간빛의 파장은 0.00007cm이고, 보랏빛의 파장은 0.00004cm이다. 파장이 이 영역에서 0.00001cm만 증가하거나 줄어들어도 우리 눈은 이 파장의 빛에 반응하지 않는다.

빛나지 않는 빛

그러나 태양은 가시광선뿐 아니라 다양한 종류의 빛에너지를 방출한다. 예를 들어 0.00008~0.032cm 길이의 파장을 갖는 적외선은 그 파장이 가시광선보다 조금 더 길어 눈으로 감지할 순 없지만, 피부는 그것을 열에너지로 감지할 수 있다. 파장이 0.00003~0.000001cm인 자외선은 파장이 너무 짧아 눈으로는 빛을 느끼지 못하지만, 카메라 필름에 발라진 감광소자로는 이 빛을 인식할 수 있다. 자외선보다 파장이 짧은 엑스선으로도 사진을 만들 수 있다.

인식을 꿰뚫는 신비로운 질서

또한 라듐의 감마선, 전파radio waves, 우주선cosmic rays 등은 가시광선에 비해 매우 짧거나 긴 주파수대를 지닌 전자기파다. 이들은 각기 다른 방법으로 감지될 수 있으며, 이들 역시 빛의 일종으로 빛과는 단지 파장에서 차이가 날 뿐이다. 그러므로 인간의 눈은 가시광선을 제외한 대부분의 빛을 볼 수 없으며, 인간이 자기 주변의 실체라고 인식하는 것도 시각 기관의 한계로 인해 왜곡된 것이거나 매우 약화된 게 분명하다. 만약 인간의 눈이 엑스선도 볼 수 있을 만큼 예민했다면 그 눈에 비친 세상은 지금과는 크게 달라 보일 것이다.

우주에 대한 모든 지식이 인간의 불완전한 감각을 통해 축적된 희미한 잔상일 뿐이라는 것을 알게 된다면 실체를 향한 탐구는 절망적일지도 모른다. 만약 실체를

| 알 수 없음 | 우주선 | 감마선 | 엑스선 | 자외선 | 가시광선 | 적외선 | 열파 | 스파크방전 | 전파 탐지용 | TV 전파 | FM 단파 | AM 방송파 | SW 장파 | 알 수 없음 |

10⁻¹⁴ 10⁻¹³ 10⁻¹² 10⁻¹¹ 10⁻¹⁰ 10⁻⁹ 10⁻⁸ 10⁻⁷ 10⁻⁶ 10⁻⁵ 10⁻⁴ 10⁻³ 10⁻² 10⁻¹ 1 10 10² 10³ 10⁴ 10⁵ 10⁶ 10⁷ (cm)

그림 2. 파장 —— 위의 전자기 스펙트럼은 인간의 눈으로 볼 수 있는 빛에너지, 즉 가시광선의 좁은 영역을 보여주고 있다. 물리학적 견지에서 볼 때 전파, 가시광선, 고주파수 빛에너지(엑스선, 감마선) 사이에 존재하는 차이는 단지 '파장'이다. 그러나 1조분의 1cm에 불과한 파장을 지닌 우주선cosmic rays에서부터 무한히 긴 파장의 전파radio waves에 이르기까지 전자기 복사의 광대한 영역에서 인간의 눈은 위 그림에서 검은색으로 표시된 좁은 띠(가시광선)만을 볼 수 있다. 우주에 대한 인간의 지각능력이란 이러한 시각적 한계로 인해 제한받고 있다. 그림에서 보여주는 파장은 십진법으로 표시돼 있다. 예를 들어 $10cm^3$는 $10 \times 10 \times 10cm$, 즉 $1000cm$와 같다. $10cm^{-3}$는 $1/10 \times 1/10 \times 1/10cm$, 즉 $1/1000cm$와 같다.

인간의 불완전한 인식으로 표현할 수밖에 없다면, 이 세상은 실체에 대한 개개인의 인식 차이로 인해 서로 공유하는 가치 기준이 없는 무질서에 직면하게 될 것이다. 그러나 세상에는 우리의 인식을 꿰뚫는 신비로운 질서가 있어, 객관적 실체에 대한 우리의 불완전한 인식을 올바른 실체로 인식하게끔 변환해주는 역할을 한다.

어떤 이의 눈에 비치는 빨간색이나 피아노 건반의 가운데 도(C)가 다른 사람의 눈과 귀에도 똑같이 인식되는지는 아무도 모른다. 그럼에도 이 신비로운 질서를 통해 모든 이가 비슷하게 색을 보거나 음색을 들을 수 있다고 추측할 수 있다. 자연의 이러한 기능적 조화를 버클리, 데카르트, 스피노자는 신의 섭리로 돌렸다. 그러나 신을 배제하고 모든 문제(이 문제는 갈수록 더 어려워지는 듯하지만)를 풀어보려는 현대 물리학자들은 자연은 수학적 원리 위에서 신비스럽게 운행된다고 강조하고 있다. 아인슈타인 같은 이론가들이 단순히 방정식을 통한 해법으로 자연법칙을 예측하거나 발견하려고 한 것은 우주를 정통 수학적 원리로 풀려는 의도이며, 이는 수학에 대한 절대적 믿음에 기초한 것이다.

물리학의 역설

그러나 오늘날 물리학의 역설적 모습은 수학적 도구가 발전할수록, 관찰자인 인간과 과학적으로 설명된 객관적 세계 사이에 놓인 간격이 점점 더 벌어지고 있다는 사실이다. 아무리 훌륭한 수학적 도구를 사용해서 도출해 낸 과학적 설명이라 해도 관찰자인 인간이 그 내용을 이해하기는 갈수록 어려워진다는 얘기다. 단순히 크기만으로 볼 때, 인간이 거시우주와 미시우주 사이의 중간쯤이라고 보는 것은 의미가 있다. 쉽게 말해, 우주에서 가장 큰 물체인 초대형 적색거성의 크기와 인간의 크기를 비교하는 것은, 우주에서 가장 작은 물리적 개체 중 하나로 알려진 전자와 사람을 비교하는 것과 같다.

그러므로 자연의 주요 신비들이 대우주와 소우주의 영역에 속해 있고, 그 영역은 인간의 불완전한 감각이 미칠 수 없는 아주 멀고 심오한 곳이라는 사실은 그리 놀랄 일이 아니다. 또한 고전 물리학의 자체 이론만으로는 그 두 극단의 실체를 설명할 수 없으니, 과학은 곧 새롭게 만들어질 수학적 관계식을 주목하는 것으로 만족할 수밖에 없다는 것 역시 수긍이 가는 일이다.

3 / 양자론과 광전효과

> '빛도 불연속적인 입자일 수 있다'는 아인슈타인의 생각은 그보다 훨씬 더 오래된 전통적인 원리, '빛은 파동으로 이뤄져 있다'는 이론과 충돌하게 된다. 빛과 관련한 특정 현상은 실제로 파동설이 아니면 설명되지 않는 것도 있다. 아인슈타인은 '광전효과photoelectric effect'라는 현상을 정의하는 법칙을 도출해냄으로써 양자이론의 가치를 확인해 주었다.

수학적 모델을 통해서만 현상을 설명하려 했던 뉴턴의 역학적 해석방식에 제동이 걸리기 시작한 때는 1900년, 막스 플랑크가 열복사현상을 연구하다 부딪힌 어떤 문제를 해결하고자 '양자론Quantum Theory'을 제시하면서부터다.

가열된 물체가 빛을 발하기 시작할 때 그 물체는 처음엔 붉은빛을 띠다가 온도를 높일수록 오렌지색으로 바뀌고, 다시 노란색을 거쳐 마침내 하얀빛으로 변하는 게 일반 상식이다. 지난 세기 동안, 가열된 물체에서 방출된 에너지의 양이 파장과 온도에 따라 어떻게 변하는지를 설명하는 법칙을 공식화하기 위해 과학자들은 각고의 노력을 기울여왔다. 그러나 플랑크가 실험 결과를 수치적으로 만족시키는 방정식을 발견하기 전까지는 이를 밝히려 했던 모든 시도는 다 실패했다고 볼 수 있다.

복사에너지, 불연속 양자의 공간이동

플랑크 방정식의 특징은 복사에너지가 연속적인 흐름으로 방출되는 게 아니라 그가 명명한 '양자quanta'라는 이름의 불연속적인 단위로 방출된다고 가정한 것이다. 그때나 지금이나 열복사현상이 어떻게 일어나는지를 아는 이가 없으므로 플랑크는 그러한 가정을 입증할 만한 과학적 근거를 갖고 있지는 않았다. 그는 오랜시간 관측된 사실에 맞추기 위해 각 양자는 방정식 $E=hv$에 의해 주어진 양의 에너지를 운반한다고 결론을 내려야만 했다. $E=h v$에서 v는 복사열의 진동수이며, h는 플랑크 상수를 뜻한다. 이 상수는 아주 작지만 결코 무시할 수 없는 불변의 숫자로, 자연계에 존재하는 가장 기본적인 상수 중 하나로 입증된 것(그 값은 대략 0.0000000000000000000000000006624)이다.

어떠한 복사 과정에서든지 방출 에너지의 양을 주파수로 나누면 항상 h와 같다. 플랑크 상수가 반세기 동안이나 원자물리학의 계산분야를 지배해왔음에도, 빛의 속도와 마찬가지로 플랑크 상수의 엄청난 중요성을 당시 사람들은 인식하지 못하고 있었다. 다른 자연 상수들처럼 플랑크 상수는 어떤 해석이나 설명이 필요하지 않았던 단순한 하나의 수학적 사실이다.

아서 에딩턴은 "실재하는 자연의 법칙은 이성적인 인간에게는 비이성적으로 보일 수도 있다"라고 말했다. 그리하여 그는 플랑크의 양자원리야말로 이제까지 과학으로 밝혀진, 몇 안되는 실재하는 자연의 법칙 중 하나라고 생각했다.

플랑크 양자론이 갖는 영향력은 1905년, 당대 물리학자들 중 거의 유일하게 그 이론의 중요성을 잘 이해하고 있던 아인슈타인이 양자론을 새로운 분야에 적용하면서 드러나게 된다. 플랑크는 아인슈타인이 복사에 관한 방정식을 단지 보완, 개선하는 줄로만 알았다.

아인슈타인, 플랑크 양자론의 의미를 꿰뚫다

그러나 아인슈타인은 '빛, 열, 엑스선과 같은 모든 형태의 복사에너지는 분리되고 불연속적인 양자들이 공간속을 이동하는 것'이라고 가정했다. 따라서 불 앞에 앉아 있을 때 우리가 따뜻하다고 느끼는 감각은 셀 수 없이 많은 복사열 양자가 우리의 피부에 부딪히면서 생긴 결과다. 색을 느끼는 감각도 이와 유사하다. 빛 양자는 방정식 $E=h\nu$에서 진동수 ν가 변함에 따라 그 특성이 달라지는데, 서로 다른 빛 양자가 우리 눈의 망막에 부딪히면서 각기 다른 색깔로 감지되는 것이다.

순수 보랏빛 광선을 금속판에 비출 때 그 판은 잠깐 동안 소나기같이 수많은 전자를 방출하게 된다. 이 사실을 당시 물리학자들은 어찌 설명해야할지 몰라 당혹스러워했다. 아인슈타인은 '광전효과photoelectric effect'라는 현상을 정확히 정의하는 법칙을 도출해냄으로써 양자이론의 가치를 확증해 주었다. 예를 들어 더 낮은 진동수의 빛, 노란색이나 빨간색 빛을 금속판에 비춘다면 전자는 또다시 방출되지만 보라빛 광선을 비췄을 때보다 속도는 줄어든다고 봤다. 금속판에서 튀어나오는 전자들의 방출 속도는 빛의 양이나 세기와는 관련이 없고, 오로지 빛의 색깔에 달려 있다는 것이다.

광전효과로 양자이론의 가치 증명

만약 광원을 상당히 먼 거리에 두고 가물가물할 정도로 흐리게 비춘다면 튀어나오는 전자의 수는 더 적어지지만 그 방출 속도는 줄어들지 않는다. 빛이 점점 사그라져 감지할 수 없을 정도가 될 때까지도 그 속도는 계속 유지되다가 어느 특정 순간에 갑자기 끝나버린다. 이처럼 특이한 효과는 다음과 같은 가정 하에서만 설명될 수 있다고 아인슈타인은 결론 내렸다. 그는 모든 빛은 '광자

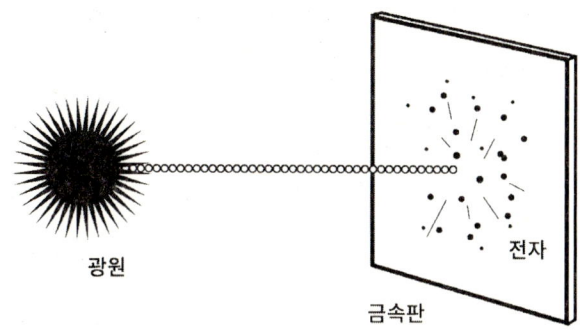

그림 3. 광전효과 —— 빛을 금속판에 비추면 그 판은 전자소나기를 방출한다는 광전효과는 1905년, 아인슈타인에 의해 설명됐다. 이 현상은 고전적인 파동설로는 설명할 수 없다. 빛은 연속적인 에너지의 흐름이 아니라 광자라는 개별 입자, 즉 에너지 다발로 이뤄진 것이라고 아인슈타인은 추론했다. 한 개의 광자가 하나의 전자에 부딪칠 때 결과적으로 생기는 작용은 당구공의 충돌과 유사하다.

photons'라는 에너지 알갱이 또는 개별 입자로 구성돼 있고, 이들 중 한 개의 광자가 하나의 전자와 충돌할 때 일어나는 현상은 마치 두 개의 당구공이 부딪칠 때 일어나는 충격에 비유할 수 있다고 가정했다.

더 나아가 아인슈타인은 두 가지 사실을 추론해냈다. 하나는 자색광, 자외선, 고주파수대 방사선 광자는 적색광과 적외선 광자보다 더 많은 에너지를 갖고 있다는 사실이다. 다른 하나는 각각의 전자가 금속판에서 튀어나올 때의 속도는 그 금속판을 때리는 개별 광자의 에너지 용량에 비례한다는 것이다.

그는 이 원리를 획기적인 일련의 방정식으로 표현해냈고, 그로 인해 노벨상을 받게 된다. 이는 양자물리학과 분광학 분야에 커다란 영향을 주었다. 훗날 TV와 광전자 셀을 응용한 제품이 속속 나오게 된 것도 아인슈타인의 광전효과 덕이라고 할 수 있다.

파동인가 입자인가! 빛의 이중성

아인슈타인은 이처럼 중요한 새 물리학 원리를 제시함과 동시에 가장 심오하고 골치 아픈 자연의 수수께끼 하나를 발견하게 된다. 오늘날 모든 물질은 원자로 구성돼 있고, 이 원자는 다시 전자·중성자·양성자라 부르는 더 작은 구성체로 이뤄져 있다는 사실은 의심의 여지가 없다. 그러나 빛도 불연속적인 입자일 수 있다는 아인슈타인의 생각은 그보다 훨씬 더 오래된 전통적인 원리, 즉 '빛은 파동으로 이뤄져 있다'는 이론과 충돌하게 된다.

빛과 관련한 어떤 현상은 실제로 파동설이 아니면 설명되지 않는 것도 있다. 예를 들면 건물·나무·전봇대와 같이 평범한 물체의 그림자는 뚜렷하게 드러나 보이지만, 아주 가느다란 전선이나 머리카락 같은 것을 광원과 스크린 사이에 두면 그 그림자는 뚜렷히 나타나지 않는다. 이같은 사실은 물결이 작은 바위 주변을 돌듯이 광선도 가는 전선 주위를 둥글게 돌며 지나간다는 것을 말해준다.

이와 유사하게 둥근 구멍을 통과한 빛줄기는 스크린 위에 정확히 둥근 원반 모양으로 비춰진다. 그러나 구멍의 크기를 바늘구멍같이 작게 줄여놓으면 그 둥근 원반 모양은 마치 화살 과녁처럼 하나의 중심을 갖는 여러 개의 띠들이 둥글게 원을 그리며 돌아간다. 즉 밝은 띠와 어두운 띠가 반복되는 도넛 모양의 둥근 고리들로 둘러싸인다.

회절(diffraction, 파동현상 중 하나로 빛이 장애물을 만나 그 주위로 흩어지는 현상 _옮긴이)로 알려진 이 현상은 한 방향으로 들어오던 파도가 항구의 좁은 입구를 통과할 때 휘돌아

치면서 갈라지는 것에 비유된다. 만약 바늘구멍을 한 개가 아니라 두 개를 뚫어 바로 옆에 나란히 놓고 보면, 그 두 개의 회절 패턴은 서로 합쳐져 평행한 줄무늬가 된다. 이는 마치 하나의 수영장 안에서 두 개의 파도가 만나는 것과 같다. 한쪽 파도의 최고점인 마루(crest, 파장의 최고점)와 또다른 파도의 마루가 만날 때 둘은 서로 자극받아 더욱 세지고, 한 파도의 골(trough, 파장의 최저점)이 또다른 파도의 마루와 합쳐지면 그 힘이 상쇄되는 것과 같다. 따라서 두 개의 바늘구멍이 근접한 상황에서 두 광파가 서로 강하게 자극을 받아 강화되면, 밝은 줄무늬가 나타난다. 또 두 광파간에 간섭이 일어나 상쇄되는 곳에서는 더 어두운 띠가 나타난다.

파동계, 이중성의 실마리

이러한 두 가지 현상, 즉 회절과 간섭은 엄밀히 말해 파동의 특성이다. 만약에 빛이 개별 입자로 구성돼 있다면 그러한 현상은 일어나지 않는다. 두 세기가 넘도록 이어진 실험과 이론은 '빛은 파동으로 이뤄져 있다'는 주장을 확고히 해주었다. 그러나 아인슈타인의 광전효과는 '빛은 광자로 구성돼 있다'는 주장을 뒷받침해준다.

결국 '빛은 파동인가, 입자인가'라는 근본적인 질문에 대해 이제까지 얻어낸 답변은 '빛은 두 가지 특성을 모두 갖고 있다'이다. 그러나 이러한 빛의 이중성은 자연계 전반에 퍼져 있는 더 심오하고 놀라운 이중성의 단면에 지나지 않는다.

'파동이면서 입자'라는 희한한 이중성에 대한 해결의 실마리가 1925년에 나타났으니, 프랑스의 젊은 물리학자 루이 드브로이에 의해서다. 그는 물질과 복사의 상호작용에 관련된 현상은 전자를 개별 입자로 볼 게 아니라 파동으로 이뤄진 체계, 즉 파동계system of waves로 보면 가장 잘 이해할 수 있다고 했다. 대담하고도 획기적인 이 개념은 지난 20년간 물리학자들이 세워놓은 물질의 기본 입자에 대한 연구(양자론)를 비웃는 듯했다.

원자는 태양계의 축소판으로 묘사됐는데, 중심에 핵이 위치하고 다양한 전자들이 원형이나 타원형 궤도를 따라 핵 주위를 회전한다. 그 전자의 수는 원자번호와 동일하며 수소 원자는 1개, 우라늄 원자는 92개다. 그러나 이 축소판에서 전자에 대한 그림은 명확하지 않았다. 모든 전자는 정확히 같은 질량과 전하를 갖는다는 사실이 실험을 통해 밝혀졌고, 그로 인해 전자를 자연스럽게 우주의 궁극적인 기본 단위, 즉 우주의 주춧돌로 간주하게 되었다.

우주의 기본 단위, 전자

이와 더불어 처음에는 전자를 단단하고 탄력성 있는 공 모양으로 단순하게 표현하는 것이 논리적으로 보였다. 그러나 연구가 조금씩 진전될수록 전자는 점점 더 그 위치를 파악하고 크기를 측정하기가 어렵다는 사실을 알게 되었다. 전자를 물질 입자로 보았을 때, 많은 면에서 전자의 행동이 해석되지 않았고 너무나 복잡하고 까다로운 문제들이 나타났다.

영국의 물리학자 제임스 진스는 "단단한 공 모양의 구형체는 공간에서 언제나 정해진 위치를 갖는다. 그러나 전자는 언뜻 보기엔 그렇지 않다. 또한 단단한 구형체는 일정한 양의 공간을 차지하는 데 반해 전자는 얼마나 공간을 차지하느냐를 논하는 게 별 의미가 없는 듯하다. 이는 마치 공포, 불안, 불확실성이 얼마나 넓은 공간을 차지하느냐를 따지는 것과 같다"고 말했다.

루이 드브로이가 '물질파'라는 견해를 제시한 직후 비엔나의 물리학자 슈뢰딩거는 같은 아이디어를 그에 상응하는 수학적 형태로 발전시킨다. 그는 양성자와 전자에 특정한 파동함수를 적용함으로써 양자현상을 설명하는 하나의 체계를 이끌어냈다.

'파동역학Wave Mechanics'으로 알려진 이 체계는 1927년 미국의 과학자 데이비슨과 저머가 '전자가 실제로 파동의 특성을 보인다'는 사실을 실험으로 증명함으로써 확인됐다. 그들은 전자빔을 금속 결정체에 비춰 빛이 바늘구멍을 통과할 때 생기는 회절 패턴과 유사한 모양의 회절 무늬를 얻어냈다.◆ 더 나아가 그들의 측정값

◆ 결정체는 그 구성원자의 배열이 균일하고 규칙적이며 그들간의 간격이 매우 촘촘하여 엑스선과 같은 초단파의 회절 격자diffraction grating로 사용된다.

에 따르면 전자의 파장이 드브로이의 방정식 $\lambda=h/mv$(v는 전자의 속도, m은 질량, h는 플랑크 상수)로 예측한 값과 정확히 들어맞았다.

그러나 더 놀라운 사실이 있었으니, 그 후 이어진 여러 실험에서 전자뿐 아니라 모든 원자와 분자까지도 결정체 표면에서 회절될 때 파동의 패턴이 생기며, 이들(전자·원자·분자)의 파장도 드브로이와 슈뢰딩거가 예측한 값과 똑같다는 것을 보여줬다. 그리하여 맥스웰이 '영원한 우주의 주춧돌'이라고 말한 물질의 모든 기본 단위는 서서히 실상을 드러내게 됐다. 과거에 구형체로 인식되던 전자는 물결 모양으로 움직이는 전기 에너지의 전하로, 원자 역시 중첩된 파동의 체계로 바뀌었다. 그렇다면 내릴 수 있는 한 가지 결론은 모든 물질은 파동들로 구성돼 있고, 우리는 파동의 세계 속에 살고 있다는 것이다.

한 연구는 '물질의 파동성'을 입증하고, 다른 연구는 '빛의 입자성'을 밝혀낸 결과로 생긴 역설적 상황은 제2차 세계대전이 일어나기 전까지, 약 10년간 있었던 연구개발에 힘입어 해결점을 찾게 됐다. 독일의 물리학자 하이젠베르크와 보른은 파동이든 입자든 상관없이 원하는 것을 채택해 양자현상을 정확히 설명할 수 있는 새로운 수학적 도구를 개발해냄으로써 파동성과 입자성 사이에 다리를 놓았다.

확률파와 파립자의 세계

그들의 이론체계에 내재된 개념은 과학철학에 매우 심오한 영향을 주었다. 그들은 물리학자가 개별 전자의 속성을 알고자 하는 노력은 의미가 없다고 말하면서 이같이 주장했다. "실험실에서 과학자가 연구하는 것은 개별 전자가 아니라 수십억 개의 개별 입자와 파동을 포함하는 연속된 전자빔이나 전자소나기라는 일시적 전자군이다. 따라서 과학자는 통계학과 확률법칙을 통해 전자의 집단 행동의 결과만을 관찰하게 된다"고 말했다.

그러므로 개개의 전자가 입자든 파동이든 실제로는 큰 의미가 없다. 이들 전자가 합쳐지면 입자 집단의 성향을 띠거나 파동 집단의 성향을 띠기도 한다. 예를 들어 두 물리학자가 바닷가를 보며 이렇게 분석할 수도 있다.

한 물리학자는 "파도의 특성과 강도는 마루와 골의 위치에 따라 명확히 드러난다"고 분석한 반면, 다른 과학자는 파도를 똑같이 관찰한 후 "당신이 마루라고 말한 부분은 골이라고 말한 곳보다도 단지 더 많은 물분자를 포함하고 있다는 데에 그 의미가 있다"고 말할지 모른다. 보른은 이와 유사하게 슈뢰딩거가 파동함수를 나타내기 위해 사용했던 수학적 표현법을 그의 방정식에 채택했고, 그것을 통계학적 측면으로 보면서 '확률'로 해석했다. 다시 말해, 파동의 특정 부분의 강도는 그 부분 입자들의 확률 분포를 측정하는 하나의 척도라고 생각했다.

그로 인해 보른은 이제까지 파동설로만 설명할 수 있었던 회절 현상을 광양자light quanta나 전자같은 입자가 어떤 경로로 따라가는지, 그리고 어느 위치에 도달하는지를 '확률'로 표현했다. 물질의 파동현상은 이제 확률로 표현되는 파동현상, 즉 확률파Waves of Probability로 범위가 좁혀지게 됐다. 이제 어떻게 개별 전자나 원자 또는 하나의 확률파를 시각화하는지는 더 이상 중요하지 않다. 하이젠베르크와 보른의 방정식은 어느 경우에나 들어맞는다. 그러므로 우리의 선택에 따라 파동의 세계에 산다고 해도 좋고, 입자의 세계에 산다고 해도 괜찮다. 아니면 어떤 익살스런 과학자의 말처럼 '파립자wavicles'의 세계에 살고 있다고 말할 수도 있다.

4 / 양자역학과 불확정성원리

> 인간이 실체 세계를 인식하는 데에 있어 불완전한 감각을 배제하고 시도할 만한 방법은 수학적 표현밖에는 없다. 실제로 인간은 눈송이의 형태와 감촉을 알아내려고 시도하는 시각장애인과 같은 처지다. 눈송이는 그의 손가락과 혀가 닿자마자 녹아버린다. 이처럼 파동전자나 광자, 확률파 역시 인간의 감각기관에 맞춰 가시화할 수 없다.

앞서 보았듯이 양자역학은 복사radiation와 물질matter의 기본 구성체를 지배하는 수학적 관계를 매우 정확하게 정의하고 있다. 반면 이러한 수학적 묘사는 복사와 물질의 특성에 대한 전체적인 개념을 애매모호하게 만들기도 했다. 그러나 현대 물리학자들은 어떤 것이든 그 본성을 근거없이 추측만 하는 것은 고지식한 일이라고 생각했다. 그들은 자기가 관측한 것을 정확히 기록함으로써 만족하는 '실증주의자'거나 '논리적 경험주의자'다.

과학자가 서로 다른 기기로 두 가지 실험을 해놓고 한 결과는 '빛은 입자로 돼 있다' 하고, 또 다른 결과는 '빛은 파동으로 돼 있다'는 결과를 얻었다고 가정하자. 그렇다면 이 두 결과를 서로 모순이 아닌 상호보완의 관계로 봄으로써 두 결과 모두를 똑같이 사실로 인정해야만 한다. 두 개념 중 하나만 갖고서는 빛을 충분히 설명할 수 없지만, 두 개념을 함께 적용하면 가능하다.

그러므로 실체를 묘사하기 위해서는 두 개념 모두 필요하며, 어느 쪽이 정말로 맞느냐는 질문에 답하는 것은 더이상 의미가 없다. 양자역학이라는 언어사전 속에는 '정말' 같은 추상적인 단어는 없다. 양자물리학은 무엇이 옳고 그름과 같은 추상적인 개념을 다루는 학문이 아니기 때문이다.

더군다나 인간이 더 정교한 장치를 발명하면 미시세계를 한층 더 깊이 알 수 있다고 기대하는 것은 헛된 일이다. 원자세계에서 발생하는 모든 사건은 아무리 정밀한 장비로 측정·관찰한다 해도 풀리지 않는 '불확정성'이 존재한다. 이 불확정성은 원자의 행동이 예측불허하기에 생긴 것이지, 인간이 만든 장치의 문제는 아니다.

이같은 사실은 1927년 하이젠베르크가 '불확정성원리'로 알려진 물리 법칙의 유명한 선언문에서 밝힌 것처럼, 사물의 성질 그 자체에서 생긴 것이다. 그는 그의 논제를 설명하기 위해 하나의 가상실험을 보여주었다. 그것은 한 물리학자가 성능이 엄청나게 뛰어난 수퍼 현미경으로 운동하는 전자의 위치와 속도를 관측하려는 상황을 예로 들고 있다. 앞서 제시한 바대로, 개별 전자는 특정한 속도나 위치를 갖고 있지 않고, 많은 수의 전자들을 다룰 때에만 전자의 운동을 조금이나마 정확히 정의할 수 있다.

그러나 공간에서 특정한 전자의 위치를 알아내고자 할 때 그가 말할 수 있는 최선의 답은 다음과 같다. "복잡하게 중첩된 파동으로 묘사된 전자집단의 위치는 특정 전자가 위치해 있을 법한 '확률'을 나타낸다." 개개의 전자는 바람이나 소리의 파동이 눈에 잘 보이지 않는 것처럼 불확실하고 희미하다. 그러므로 물리학자가 다루는 전자의 수가 적으면 적을수록 그 관찰 결과는 더더욱 불확실하게 된다.

불확정성, 자연의 궁극적 장벽

불확정성은 인간의 과학이 미성숙해서가 아니라 인간의 능력으로는 극복하기 어려운 자연의 궁극적인 장벽으로 인해 생긴 것임을 보여주기 위해 하이젠베르크는 다음과 같은 상황을 가정했다. 가상의 물리학자가 천억 배까지 확대 가능한 가상현미경을 사용해 전자의 크기를 인간의 가시범위 내로 확대할 수 있다고 가정했다.

그러나 지금에 와서는 더 큰 난관에 봉착하게 된다. 전자 한 개의 크기는 빛의 파동보다 작기 때문에 물리학자는 빛보다 더 짧은 파장의 복사에너지를 사용해야만 그 감지 대상인 전자를 찾아낼 수 있다. 여기서는 엑스선도 파장이 길어 부적합하다. 전자는 라듐에서 방사되는 고주파 감마선에 의해서만 감지될 수 있다.

그러나 광전효과에 따르면 보통의 가시광선의 광자는 전자와 충돌시 전자에 강한 힘을 전달하며 전자를 원자에서 이탈시킨다. 엑스선은 가시광선보다 훨씬 더 큰 에너지로 전자에 충격을 가해 전자가 더욱 더 빠른 속도로 원자에서 이탈하게 한다. 그러므로 엑스선보다 훨씬 더 강한 위력을 갖는 감마선의 충격은 전자에 엄청난 에너지를 전달하며, 그 방출 속도가 상상을 초월한다. 이렇게 전자의 위치를 감지하는 데 사용된 감마선은 도리어 전자를 엄청난 속도로 날려버려 더 이상 관측 불가한 상태에 빠뜨린다.

따라서 '불확정성원리'에 의해 다음과 같은 결론이 나온다. 이제까지 알려진 어떤 과학원리를 다 동원해도 전자의 위치와 속도를 동시에 측정하는 것은 불가능하다. 다시 말해 전자는 '바로 여기 이 지점'에 있고, 동시에 그 전자가 '이러이러한 속도'로 움직인다고 확신할 수 없다. 그 위치를 관측하려는 바로 그 행동, 즉 감마선을 전자에 충돌시킴에 따라 위치는 알아냈지만, 충돌하는 즉시 이미 전자의 속도는 변한다. 이와 반대로 속도가 정확히 측정되면 될수록 측정 순간에 이미 그 자리를 떠나므로 전자의 현재 위치 파악은 더욱 불확실해진다. 또한 물리학자가 전자의 속도와 위치 측정에 있어 불확정성이 갖는 수학적 편차를 계산하면 그것은 언제나 신비의 숫자, 즉 플랑크 상수 h의 함수임을 알게 된다.

흔들린 인과론과 결정론

이렇듯 양자역학은 전통 과학의 두 기둥인 '인과론'과 '결정론'을 흔들어놓았다. 양자역학이 통계와 확률을 도입하면서 '자연은 개별 사건들 사이의 원인과 결과라는 불변의 순서를 따른다'는 기존 과학의 개념을 버렸기 때문이다. 불확실성의 한계를 허용함으로써 모든 물체의 현재 상태와 속도만 알면 우주의 모든 역사를 예측할 수 있다는, 오래전부터 가져온 희망을 버리게 됐다.

 기존 과학이 한 발짝 양보한 결과 생겨난 새로운 논쟁거리가 있었으니 바로 '자유의지'라는 존재다. 물리적 사건이 모두 불확정적이고 미래가 예측 불가하므로 의지라 부르는 알 수 없는 존재가 변덕스런 우주의 무한한 불확실성 속에서 인간의 운명을 좌우할지도 모르기 때문이다. 더 중요한 또 하나의 과학적 결론은 양자역학이 발전함에 따라 불완전한 감각기관을 지닌 인간이 모든 객관적 실체를 인식하는 데에는 뛰어넘을 수 없는 장벽이 있다는 사실이다. 인간이 객관적 실체를 깊숙이 파고들어 그 비밀을 꿰뚫어보려 할 때마다 자신의 그 관찰 활동 자체가 실체를 변형시키고 왜곡하기 때문이다.

'신은 주사위 놀이를 하지 않는다'

인간이 실체 세계를 인식하는 데에 있어 불완전한 감각을 배제하고 시도할 만한 방법은 결국 수학적 표현밖에는 없다. 실제로 인간은 눈송이의 형태와 감촉을 알아내려고 시도하는 시각장애인과 같은 처지다. 눈송이는 그의 손가락과 혀가 닿자마자 녹아버린다. 이처럼 파동전자나 광자·확률파 역시 가시화할 수 없으며, 이는 단순히 미시세계의 실체를 수학적 상호관계로 표현하는 데에 유용한 상징일 뿐이다.

'왜 현대 물리학은 그렇게 난해한 표현방식을 사용

하는가?'라는 질문에 물리학자들은 '양자역학의 방정식은 다른 어떤 역학적 모델보다도 정확하게 인간 감각의 한계 너머에 있는 근본현상을 정의해주기 때문이다'라고 답한다. 다시 말하면, 눈으로 확인할 수 없는 세계를 표현한 수식을 통해 원자폭탄이 탄생했고, 그것이 우리를 깜짝 놀라게 했듯이 양자역학의 수식들은 실체를 정의하고 묘사하는 역할을 수행하고 있다.

그러므로 실용 물리학자의 목표는 자연의 법칙을 이전의 어떤 것보다 더 정확한 수학적 용어로 표현해내는 것이다. 19세기 물리학자들은 전기를 '흐르는 유체'로 간주해 오늘날 전기시대를 가져온 법칙을 만들어냈지만, 20세기 과학자들은 이러한 관점에서 벗어나려고 한다. 그들은 전기가 눈에 보이는 유체가 아님을 알고 있으며 파동이나 입자와 같은 구체적인 개념은 새로운 발견을 이끄는 길잡이 역할은 할 수 있어도 실체를 정확히 대표한다고 인정해선 안된다는 것도 알고 있다.

과학자는 수학적 표현을 이용해 그 사물이 어떻게 움직이고 작동하는지를 기술할 수 있지만, 사물의 실체가 무엇인지는 알 수도 없고, 알아야 할 필요도 없다. 그러나 이렇게 과학과 실체가 괴리된 현실에 도전을 받고 그 문제점을 인식한 물리학자들도 있다. 아인슈타인은 현재 양자역학의 통계적 접근 방식도 결국 임시방편에 불과하다는 것이 밝혀질 거라는 희망의 메시지를 수차례 언급한 바 있다.

미시세계에서 텅 빈 공간과 시간의 세계로

아인슈타인은 "나는 신이 세상과 주사위 놀이를 한다고 생각하지 않는다"고 말하며 양자역학의 접근방식을 반대했고, '과학은 단지 관측 결과를 기록하고 상호연관성을 찾는 일이다'라는 실증주의자들의 주장도 받아들이지 않았다. 그는 우주의 질서와 조화를 믿었다. 또한 끊임없이 탐구하는 자는 언젠가는 물리적 실체에 대한 지식을 얻을 것이라고 믿었다. 그 해답을 얻기 위해 그는 원자 내부의 미시세계에서 멀리 떨어진 별들의 세계로, 또 그 별들의 세계를 너머 광대하고 압도적인 텅 빈 공간과 시간의 세계로 그의 시각을 돌렸다.

'신은 세상과 주사위 놀이를 하지 않는다'고 생각한 아인슈타인은 양자역학의 통계적 접근방식을 반대하면서 광대하고 압도적인 우주의 세계로 관심을 돌린다.

5 / 뉴턴과 갈릴레오의 상대성원리

> 뉴턴은 '주어진 공간 내 물체의 운동은 그 공간이 정지하고 있든지, 같은 속도로 직진하든지 상관없이 동일하다'는 물리적 이론을 정립했다. 이를 뉴턴 혹은 갈릴레오의 '상대성원리'라고 한다. 좀 더 일반적인 말로 표현하면, 한 장소에서 유효한 역학법칙은 그 장소에 대해 등속운동하는 다른 장소에서도 똑같이 유효하다는 이론이다.

철학자 존 로크는 300년 전, 그의 논문 「인간오성론」에서 "체스판을 이 방에서 저 방으로 옮긴다 해도 체스판 위에 놓여 있는 말들은 그 판을 옮기기 전과 같은 위치에 있다. 즉 움직이지 않았다고 말한다. 만약 체스판을 선실 내부 어느 한 장소에 둔다면 그 배가 계속 항해하고 있더라도 체스판은 같은 자리에 있다고 생각한다. 배가 인근 육지와의 거리를 변함없이 유지하고 있다면 지구가 돌고 있어도 같은 자리에 있다고 말할 수 있다. 그러나 사실 체스말이나 체스판, 배는 모두 멀리 떨어져 있는 기준체 입장에서 보면 그 위치가 바뀐 것이다"라고 말했다.

위치와 운동의 상대성

이동 중이지만 움직이지 않은 체스말에 관한 예시 속에는 상대성의 한 원리, '위치의 상대성'이 표현돼 있다. 그러나 여기에는 '운동의 상대성'이라는 또 다른 개념도 들어 있다. 기차를 타본 사람이라면 상대편 기차가 반대 방향으로 지나갈 때에는 자신의 기차가 매우 빠른 것 같고, 같은 방향으로 갈 때는 내 기차가 거의 움직이지 않는 것처럼 보일 수 있다. 이러한 현상의 또 다른 예가 있다.

뉴욕의 그랜드 센트럴 터미널 같이 밀폐돼 있고, 복잡한 역에서는 시각적 인식의 착각을 일으키게 된다. 일단 기차가 천천히 부드럽게 달리기 시작하면 승객은 기차의 움직임을 느끼지 못한다. 그때 우연히 창밖을 내다보다가 다른 기차가 옆을 지나는 것을 볼 때, 승객은 어느 기차가 움직이고 어느 기차가 정지해 있는지 알 수 없게 된다. 또한 각 기차가 어떤 속도로 움직이는지, 어느 방향으로 가는지도 분별할 방법이 없다. 이들의 상황을 판별할 수 있는 유일한 방법은 기차역 플랫폼이나 신호등과 같이 고정된 물체를 기준으로 상대편 기차와 나를 동시에 바라보는 수밖에는 없다.

뉴턴 상대성원리의 철학적 의의

아이작 뉴턴은 이러한 운동의 시각적 착각을 알고 있었으나, 그는 배의 경우에만 국한해 생각했을 뿐이다. 평온한 날에 운항하는 갑판 위의 선원은 자기 배가 항구에 정박해 있을 때처럼 면도를 할 수 있고 차도 마실 수 있다는 것을 뉴턴은 알았다. 대야의 물과 찻잔 안의 물은 배가 5노트, 15노트 혹은 25노트, 어느 속도로 달리든지 그대로 잔잔히 있다. 그래서 밖을 내다보지 않는다면 배가 얼마나 빨리 항해하는지, 정말 움직이고 있는지 조차도 알 수 없다.

물론 풍랑이 심하거나 배가 갑자기 항로를 바꾼다면 선원은 자신의 운동 상태를 느낄 수 있다. 그러나 잔잔한 바다를 평온하게 달리는 경우에는 갑판 밑에서 일어나는 어떤 일도, 다시 말해 선실 내부에서 행해지는 어떤 관찰이나 역학적인 실험도 그 배의 항해 속도를 나타내지는 못한다. 1687년, 뉴턴은 이러한 생각을 바탕으로 다음과 같은 물리적 이론을 정립했다. '주어진 공간 내 물체의 운동은 그 공간이 정지하고 있든지, 같은 속도로 직진하든지 상관없이 동일하다.' 이를 뉴턴과 갈릴레오의 '상대성원리'라고 한다. 일반적인 말로 표현하면, 한 장소에서 유효한 역학법칙은 그 장소에 대해 등속운동하는 다른 장소에서도 똑같이 유효하다는 이론이다.

뉴턴과 갈릴레오의 상대성원리의 철학적 중요성은 이 원리가 우주에 관해 무엇을 말하고 있는가에 있다. 과학의 목적은 우리가 살고 있는 세계를 전체적으로 또는 부분적으로 설명하는 것이기에 과학자로서 자연의 조화에 확신을 갖는다는 것은 필수적이다. 과학자들은 지구상에서 발견한 물리법칙들이 실제로 보편적인 법칙이라고 믿어야 한다. 이렇게 해서 뉴턴은 사과가 땅에 떨어지는 것과 행성이 태양 주위를 도는 것을 연관지어 생각하던 중, 하나의 보편적인 법칙을 발견했다. 뉴턴이 항해중인 배를 예로 들어 상대운동의 법칙을 설명했지만, 사실상 그의 마음속에 그리고 있던 배는 '지구'였다.

지구는 일상적인 과학적 목적으로는 하나의 정지계로 간주될 수 있다. 산과 나무와 집은 정지해 있고, 동물과 자동차와 비행기는 움직인다고 우리는 말할 수 있다. 그러나 천체물리학자들은 지구가 정지해 있는 게 아니라 대단히 복잡한 모양으로 우주 공간에서 태양 주위를 빙빙 돌고 있다고 봤다. 지구는 자전축을 중심으로 시속 1609.344km 속도로 자전하며, 동시에 태양 주위로 초속 32.187km로 공전할 뿐만 아니라, 우리에게 잘 알려지지 않은 다수의 회전운동을 하고 있다.

우리가 보통 생각하는 것과는 달리, 달이 지구 주위를 회전하는 게 아니라 서로 회전하고 있다. 좀 더 자세히 말하면, 이 둘은 공통 무게중심 주위를 도는 것이다. 게다가 태양계 전체는 국부항성계 내부에서 초속

20.921km로 회전하며, 국부항성계는 은하수 내부에서 초속 321.869km로 움직인다. 다시 그 은하수 전체는 멀리 떨어진 외부 은하수에 대해 초속 160.934km로 떠다닌다, 모두들 제각기 다른 방향으로!

과학적 논쟁 없이 내린 뉴턴의 결론

당시 뉴턴은 지구의 운동이 얼마나 복잡한지 잘 몰랐으면서도, 혼란스럽도록 바삐 움직이는 우주의 절대운동과 상대운동을 분별하는 문제로 골치를 앓았다. 그는 멀리 떨어진 항성 지역이나 그 너머에는 완전히 정지해 있는 어떤 물체가 있을 것이라고 말했다. 그러나 인간의 시야 안에 있는 어떤 천체를 통해서도 그것을 증명할 방법은 없다는 것을 인정했다. 한편 그는 공간 자체야말로 별과 은하의 회전을 절대운동과 연관지어 설명할 수 있는 고정 기준계라고 생각했다. 그는 공간을 정지해 있으면서 움직이지 않는 물리적 실체로 간주했다. 과학적 논쟁을 통해 이러한 확신의 근거를 제시할 수는 없었으나, 그럼에도 뉴턴은 신학적 근거를 바탕으로 그것을 고집했다. 그에게 '공간'은 신의 무소부재를 의미했다.

 그 후 두 세기 동안은 뉴턴의 견해가 타당한 것으로 여겨졌다. '빛의 파동이론'이 정립됨에 따라 텅 빈 공간에 어떤 역학적 성질을 부여하는 것, 즉 공간을 일종의 물질이라고 하는 가정이 과학자들에게 실제적으로 필요하게 됐다. 뉴턴 이전에도 프랑스 철학자 데카르트는 "물체가 거리를 두고 분리된 것 자체가 그 물체 사이의 매개물이 있음을 증명하는 것"이라고 주장했다. 그리하여 18세기와 19세기 물리학자들에게 빛이 파동으로 돼 있다면, 바다의 파도가 물을 통해 전파되고 소리라는 진동이 공기를 통해 전달되듯이, 빛의 파동을 가능하게 하는 어떤 매개물이 있어야 함이 명백한 사실로 돼 있었다.

 따라서 빛이 진공에서 전파될 수 있다는 것이 실험으로 증명됐을 때, 과학자들은 '에테르'란 가상 물질을 도입하고 이 에테르는 틀림없이 전체 공간과 물질에 충만해 있을 것이라고 단정했다. 그 후 패러데이는 전자력의 매개체로서 또 다른 종류의 에테르를 제안했다. 결국 맥스웰이 빛을 일종의 전자기 교란으로 정의하자, 에테르의 존재는 더 확고해지는 듯했다.

에테르와 뉴턴 우주론에 대한 도전

뉴턴 물리학의 최종 산물은 눈에 보이지 않는 매개체로 가득찬 우주였다. 이 매개체 속에서 별은 떠돌며, 빛은 그릇에 담긴 젤리의 진동처럼 이 매개체를 통해 전파된다. 이 우주는 모든 자연현상을 이해하는 데 필요한 역학적인 모형을 제공했고, 뉴턴의 우주론에 필요한 움직이지 않는 절대공간인 고정기준계를 제공했다. 그러나 이제까지 그 존재를 인정받았던 에테르도 여전히 의문점이 있었다. 아무도 실제 존재 여부를 증명하지 못했다는 점이 그것이다. 미국의 물리학자, 미컬슨과 몰리는 에테르의 존재를 밝혀내기 위해 1881년, 클리블랜드에서 역사적으로 뜻깊은 실험을 수행하게 된다.

그 실험의 기반이 되는 원리는 꽤 단순했다. 그들은 "만일 전 공간이 움직이지 않는 에테르의 바다라면, 선원이 배의 항해 속도를 측정하는 것과 같은 방법으로 에테르에서의 지구의 운동을 알 수 있고, 그 속도를 측정할 수도 있을 것"이라 생각했다. 뉴턴이 지적했던 바와 같이 배 '안'에서 행한 어떤 역학적 실험으로도 잠잠한 바다에서 배의 움직임을 감지하기란 불가능하다. 그러나 선원은 긴 끈으로 매어놓은 통나무 하나를 바닷속으로 던져서 풀려 나간 끈의 매듭 수를 셈으로써 배의 속도를 정확히 측정한다. 이와 마찬가지로 에테르 바다에서 일어나는 지구의 움직임을 감지하기 위해 미컬슨과 몰리는 통나무 대신 광선을 사용했다.

방향에 관계없이 빛의 속도는 일정

빛이 정말로 에테르를 통해 전파된다면, 그 속도는 지구운동 때문에 생기는 에테르의 흐름에 영향을 받게 될 것이기 때문이다. 좀 더 정확히 말하면, 지구의 운동 방향으로 투사된 빛은 마치 수영선수가 강의 흐름을 거슬러 올라갈 때 물살로 인해 제 속도를 내지 못하는 것처럼, 빛도 에테르의 흐름에 의해 다소 지연될 것이라고 생각했다. 태양 주위 궤도에서의 지구의 속도는 매초마다 32km인 반면, 빛은 초속 299,792km이기 때문에 그 지연으로 인한 차이는 미미하다. 그러므로 에테르의 흐름을 '거슬러서' 투사된 빛은 초당 299,760(299,792-32)km로 가는 반면, 에테르가 흐르는 '방향으로' 투사된 빛은 초당 299,824(299,792+32)km로 진행해야 한다.

이를 염두에 두고 미컬슨과 몰리는 매우 정밀한 기구를 제작했다. 이 기구는 빛의 속도인 초당 299,792km에서 1km보다 작은 값의 미세한 차이도 감지할 수 있는 것이었다. '간섭계'라 부르는 이 기구는 몇 개의 거울로 돼 있어 하나의 빛이 둘로 갈라져 동시에 다른 방향으로 향할 수도 있게 돼 있다. 그 실험은 정확성을 기하기 위해 매우 정밀하게 계획·실행된 만큼 결과는 조금도 의심할 수 없었다. 실험의 결과는 다음과 같이 간결했다. '방향에 관계없이 빛의 속도는 차이가 전혀 없다.'

미컬슨과 몰리의 실험으로 인해 과학자들은 양자택일해야 하는 당황스런 문제에 부딪혔다. 한 쪽을 따르면 전기, 자기, 빛에 대해 많은 것을 설명한 에테르설을 버려야만 했다. 만약 다른 쪽을 따르기 위해 에테르설을 계속 주장한다면 지구가 운동하고 있다는, 훨씬 더 권위 있

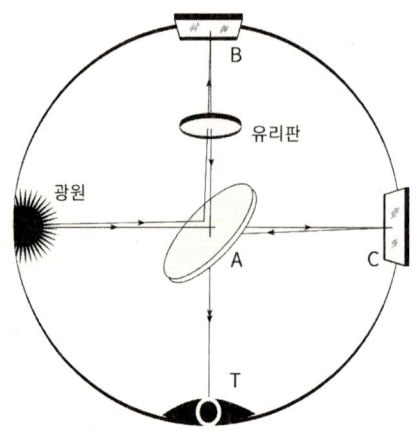

그림 4. 미컬슨과 몰리의 간섭계 ── '미컬슨 몰리의 간섭계'는 몇 개의 거울들로 이루어졌고, 광원(왼쪽 위)으로부터 나온 빛을 둘로 나눠 동시에 두 방향으로 보낸다. 거울 A가 광선을 둘로 나누는데 A의 '앞면'은 은으로 얇게 입혀져 있어 빛의 일부분은 거울 C로 진행할 수 있으며, 나머지는 거울 B를 향해 직각으로 반사된다. 그 다음엔 거울 B, C가 빛을 거울 A로 반사시킨다. 빛은 A에서 다시 만나 관측망원경 T로 진행한다. 빛의 경로 ACT는 거울 A의 반사면 뒤로 유리 한 장을 세 번 지나야 하므로, 이 지연을 보상하기 위해 빛의 경로 ABT 중에 같은 두께의 투명 유리판을 A와 B 사이에 장치했다. 기구 전체를 모든 다른 방향으로 회전시켜 빛의 경로 ABT와 ACT는 가정한 에테르의 흐름에 직각으로도, 같은 방향으로도 혹은 반대 방향으로도 진행할 수가 있다. 언뜻 보기에 B로부터 A로 향하는 빛의 하향 이동이 A에서 B로 향하는 상향 이동보다 시간을 줄여줄 것같이 보인다. 그러나 그렇지는 않다. 배를 1km 상류로 저었다가(감속) 1km 하류로 젓는 것(가속)은 잔잔한 물에서 그대로 2km를 젓는 것보다 시간이 더 걸린다. 만일 에테르 흐름으로 인해 둘 중 하나의 빛에 가속과 지연이 생겼다면 광학기구 T가 그것을 감지했을 것이다.

는 코페르니쿠스의 지동설을 포기할 수밖에 없었다. 많은 물리학자들에게는 지구가 정지해 있다고 믿는 것이 광파와 전자기 파동이 매개물 없이 전파될 수 있다고 믿는 것보다 더 쉬워 보였다. 이는 심각한 딜레마가 되었고, 그 후 25년간 과학적 사고를 분열시켰다. 수많은 새로운 가설이 나왔다 사라졌고, 그 실험은 몰리와 다른 과학자들에 의해 재시도됐지만 결과는 동일했다. 결국 에테르 속에서 움직이는 지구의 외관상 속도는 제로(0)라는 같은 결론을 얻어냈다. 즉 에테르 매개체 안에서 지구는 정지해 있으므로, 그것을 기준으로 지구의 속도를 측정할 수 없었다.

6 / 특수상대성이론과 시간의 정의

> '현재'라는 인간의 주관적 감각을 우주 전 분야에 적용할 수는 없다. 아인슈타인은 그 이유를 이렇게 말한다. "각각의 기준체는 자기만의 특정한 시간을 갖고 있다. 시간을 언급할 때 참조할 기준체가 제시돼 있지 않으면 어떤 사건의 시간을 말함에 있어 특정 의미를 부여할 수 없다."

미컬슨·몰리의 실험에서 발견된 난제에 골몰해 있던 사람 중에 '알베르트 아인슈타인'이라는, 스위스 베른의 젊은 특허청 검사관이 있었다. 1905년, 그가 막 26세 되던 해에 아인슈타인은 그 문제에 해답을 제시하는 짧은 논문을 발표했는데, 이는 물리학 사고의 새로운 장을 열어

주었다. 아인슈타인은 그 시작점으로 에테르설을 거부하였고, 그렇게 함으로써 '공간을 고정계나 절대 정지계로 보고 이것을 기준으로 절대운동과 상대운동을 구분할 수 있다'는 기존 사상 전체를 부정했다.

자연법칙, 등속운동하는 모든 계에 동일

미컬슨·몰리 실험에서 논쟁의 여지가 없는 명백한 사실 한 가지는 빛의 속도가 지구 운동의 영향을 받지 않는다는 것이다. 아인슈타인은 이것을 보편적인 법칙으로 받아들였다. 그는 "빛의 속도가 지구 운동에 관계없이 일정하다면 그것은 태양·위성·항성·유성 혹은 우주 도처에서 운동하는 기타 운동계에도 관계없이 일정해야 한다"고 결론 내렸다. 아인슈타인은 이같은 주장을 더 폭넓게 일반화했고, "자연의 법칙은 등속운동하는 모든 계에 대해 동일하다"고 확신했다.

간단한 이 한마디 표현은 아인슈타인의 '특수상대성이론'의 핵심이라고 하겠다. 이 이론은 역학법칙이 등속운동하는 모든 계에 대해 동일한 방식으로 작동한다는 기존의 갈릴레오의 상대성원리를 내포하고 있다. 그러나 아인슈타인의 표현은 더욱 포괄적이다. 그는 역학법칙뿐만 아니라 빛과 전자기 현상을 지배하는 법칙도 고려하고 있었다. 아인슈타인은 그것을 하나의 기본 가설로 통합했으며, 자연의 모든 현상과 법칙은 상대적으로 등속운동하는 모든 계에서 동일한 방식으로 작동한다고 결론을 내렸다. 겉으로 보기에 이 선언은 그다지 놀랄 만한 것은 아니다. 자연법칙의 보편적인 조화에 대한 과학자의 기존 신념을 되풀이한 것뿐이다. 추가적으로 이것은 과학자에게 우주 내에서 정지해 있는 절대 기준계를 찾지 말 것을 권고한다. 우주는 쉴새 없이 움직이는 공간이기 때문이다. 항성, 성운, 은하 등 외계공간의 광대한 중력계는 모두 끊임없이 움직인다. 그러나 우주 공간에는 방향도 경계도 없는 까닭에 그들의 운동은 서로 상대적인 움직임에 의해서만 묘사되고 설명될 수 있다.

더구나 과학자들이 어떤 계의 실제 속도를 측정하려는 목적으로 빛을 이용하려는 것은 부적절하고 헛된 일이다. 빛의 속도는 우주 어디에서나 동일하며, 그 빛을 낸 광원의 움직임이나 빛을 받는 물체의 움직임에 영향을 받지 않기 때문이다. 자연은 이같이 비교할 수 있는 절대기준을 제공하지 않는다. 독일의 위대한 수학자 라이프니츠가 아인슈타인보다 두 세기 전에 이미 명백히 인식했던 것처럼 공간은 '단지 그들을 둘러싸고 있는 사물간의 순서 혹은 관계'에 불과하다. 공간을 차지하고 있는 사물이 없다면 그 공간은 아무 것도 아니다.

시간의 감각도 인식의 한 형태

아인슈타인은 절대공간과 함께 절대시간도 인정하지 않았다. 무한한 과거로부터 무한한 미래로 펼쳐진 확고부동하고 불변하는 보편적 시간의 흐름이라는 개념을 받아들이지 않았다. 상대성이론을 쉽게 이해하지 못하게 한 원인의 상당 부분은 색을 분별하는 감각처럼 시간의 감각도 인식의 한 형태임을 인정하기 꺼리는 데에 있다. 색을 분별할 수 있는 '눈' 없이는 색이 존재할 수 없는 것처럼, 시간을 지정해줄 사건이 없다면 한 순간·한 시간·하루는 존재하지 않는다. 또한 공간도 단순히 물체의 나

열인 것처럼, 시간도 사건이 발생한 순서일 뿐이다. 시간의 주관성은 아인슈타인 다음의 말 속에 가장 잘 나타나 있다.

주관적 인식에서 객관적 개념으로

"개인의 경험은 일련의 사건들로 나열돼 우리에게 나타난다. 우리가 기억하는 개개의 사건은 '먼저'와 '나중'이라는 기준에 따라 배열된다. 따라서 각 개인에게는 '나만의 시간I-Time', 곧 주관적 시간이 존재한다. 이러한 시간은 그 자체만 갖고는 표준수치로 나타낼 수 없다. 실제로 나는 사건과 숫자를 연관지을 때, 더 큰 수를 더 나중에 발생한 사건과 연결한다. 이러한 연상은 시계를 이용해 정의할 수 있다. 나는 이러한 연관성을 시계가 제공하는 사건의 순서와 주어진 일련의 사건의 순서를 비교함으로써 설명할 수 있다. 우리는 뭔가를 이해하려 할 때 시계가 측정한 순서대로 나열된 일련의 사건을 보고 그 상황을 이해한다."

자신의 경험을 시계나 달력을 기준으로 참조함으로

써 우리는 시간을 하나의 객관적 개념으로 만든다. 그러나 시계나 달력에 의한 시간 간격은 신이 정한 원칙에 의해 전 우주에 적용된 절대값은 결코 아니다. 지금까지 인간이 사용해온 모든 시계는 태양계에 맞춰져 있다. 우리가 말하는 한 시간이란 사실상 공간의 변화를 측정한 것으로, 지구의 일일 자전 중에서 15도 회전을 의미한다. 또한 일년이라는 것도 태양의 궤도를 따라 한 바퀴 도는 지구의 움직임을 측정한 것이다.

그러나 수성에 사는 사람은 매우 다른 시간 개념을 가질지도 모른다. 수성은 우리의 날수로 88일 동안에 태양 주위를 한 번 공전하며, 같은 기간에 딱 한 번 자전한다. 따라서 수성에서는 일 년이 하루와 같은 의미가 된다. 그러나 과학이 그 탐구 영역을 태양 너머로 확대할 경우에는 천체에 기초한 우리의 시간 개념은 무의미하다. 상대성이론에 따르면 기준계와 무관한 절대시간 간격이란 있을 수 없기 때문이다.

기준계 없이는 동시성이란 것도 없으며 '지금'이란 개념도 의미가 없다. 예를 들면, 뉴욕의 어떤 사람이 런

던의 친구에게 전화할 때 뉴욕은 저녁 7시이고, 런던은 자정인데도 우리는 그들이 '같은 시간에' 통화하고 있다고 말한다. 이것은 그들이 모두 같은 별에 살고 있으며 그들의 시계가 동일한 지구계에 맞춰져 있기 때문이다. 만약에 아르크투루스별에서 '바로 지금' 무엇이 일어나고 있는지를 알고 싶다면 상황은 좀 더 복잡해진다.

아르크투루스는 지구로부터 38광년 떨어져 있는 별이다. 1광년이란 빛이 일년 동안 가는 거리, 대략 9.35조km이다. 아르크투루스와 '지금' 전파로 통신하려 한다면 우리의 메시지가 그 목적지에 도착하기까지 38년, 다시 회신을 받는 데 또 38년이 걸린다.◆ 그래서 우리가 1957년에 아르크투루스를 보면서 '지금' 본다고 말할 때 사실은 유령을 보는 것과 같다. 그 별을 본다는 것은 38년 전, 1919년에 그 별을 떠난 빛에 실린 이미지를 본다는 말이다. 1957년의 아르크투루스가 지금도 존재하는

◆ 전파radio waves는 광파light waves와 동일한 속도로 움직인다.

지를 알려면 38년이 지난 1995년까지 기다려봐야 한다.

변환법칙과 빛

그럼에도 지구에 사는 우리들은 '지금', '바로 이 순간'이란 개념을 우주 전체에 적용할 수 없다는 사실을 받아들이기가 쉽지 않다. 그러나 아인슈타인은 특수상대성이론을 통해 '서로 무관한 계에서 동시에 사건이 일어난다는 생각은 무의미하다'며 명확한 예시와 추론을 제시했다. 그의 논증을 다음의 글에서 볼 수 있다. 우선, 물리적 사건을 객관적 용어로 기술하는 것이 주업무인 과학자는 '이것, 여기, 지금'과 같은 주관적인 말을 사용할 수 없다는 것을 알아야 한다. 과학자는 시간이나 공간의 개념도 사건과 기준계 사이의 관계가 규정될 때 비로소 물리적 의미를 갖는다고 생각한다. 복잡한 운동 형태를 수반하는 천체역학, 전기역학 등을 다룰 때 하나의 계에서 세워진 정량화한 수치와 다른 계에서 발생한 것의 관계를 정립하는 일이 과학자에게는 끊임없이 필요하다.

이러한 관계를 정의하는 수학적 법칙을 '변환법칙'이라 한다. 가장 간단한 변환은 배 위의 갑판을 걷는 사람을 예로 들 수 있다. 그가 만일 시속 3km로 갑판을 따라 배의 진행방향으로 걷고, 배는 시속 12km로 해상을 전진한다면, 바다에 대한 그의 속도는 시속 15km가 된다. 만일 그가 배와 반대방향으로 걷는다면 바다에 대한 상대적인 그의 속도는 시속 9km가 될 것이다.

이번엔 철도 건널목에서 울리는 경보벨을 상상해보자. 경보벨에서 생긴 음파는 초속 340m로 공기를 통해 전파된다. 한 기차가 건널목을 향해 초속 20m로 달려온다 하자. 기차에 대한 소리의 상대속도는 기차가 경보벨에 접근할 때 초속 360m, 경보벨을 지나자마자 초속 320m가 된다. 이렇게 단순한 속도합산은 분명한 상식이다. 이는 실제로 갈릴레오 시대 이후 복잡한 운동 문제에 적용돼 왔다. 그러나 이것을 빛에 적용한다면 심각한 문제가 발생한다.

아인슈타인은 상대성을 처음 소개한 그의 논문에서

철로를 예로 들어 그 문제의 중요성을 지적했다. 이번에는 건널목에 경보벨 대신 신호등이 설치돼 있다. 그 신호등은 초속 30만km(빛의 속도를 상수 c로 표기)로 철로를 향해 빛을 발한다. 이때 기차가 일정한 속도 v로 신호등을 향해 질주한다고 하자. 기차가 신호등을 향해 올 때는 속도 합산에 의해 기차에 대한 빛의 상대속도는 $c+v$이고, 기차가 신호등을 지나자마자 $c-v$가 된다는 결과를 얻는다. 그러나 이 결과는 빛의 속도가 광원체의 움직임이나 빛을 받는 대상의 운동에 영향을 받지 않는다고 실증한 미컬슨·몰리의 실험 결과와 상충된다.

광속불변원리

빛의 속도가 일정하다는 사실은 공통 무게중심common center of gravity을 따라 돌고 있는 두 개의 별을 연구함으로써 더욱 확실해졌다. 이들 운동계를 세심히 분석한 결과, 두 별 중에서 지구 쪽으로 접근하는 별의 빛이 지구로부터 멀어지는 별의 빛과 정확히 같은 속도로 지구에 도달한다는 사실이 밝혀졌다. 빛의 속도는 하나의 보편적인 상수이므로 아인슈타인의 철로 문제에서도 빛의 속도는 기차의 속도에 영향을 받을 수 없다. 비록 기차가 신호등을 향해 초속 10만km로 달린다 하더라도 광속불변원리에 따라 기차에 탄 관찰자를 비추는 빛의 속도는 더도 덜도 아닌, 정확히 초속 30만km로 일정하다.

속도합산원리의 오류와 동시성의 상대성

이같은 상황에서 생긴 문제의 해법을 찾기란 일요판 조간신문의 퍼즐과는 비교도 안될 정도로 어렵다. 이 상황은 자연의 심오하고 불가사의한 일을 안고 있다. 아인슈타인은 이 문제로 인해 그가 믿고 있던 ①광속불변원리와 ②속도합산원리가 완전히 대립함을 알았다. 비록 속도합산원리가 2+2=4라는 확고한 수학적 논리에 근거하지만, 광속불변원리는 아인슈타인에게 자연의 기본법칙을 명확하게 보여주었다. 그러므로 이미 알려진 빛의 특성을 만족시키면서 운동계 사이의 관계를 기술해주는 새로운 변환법칙을 과학자가 찾아내야 한다고 결론 내렸다.

아인슈타인은 자신의 특정 이론과 관련해 풀고자 했던 궁금증을 네덜란드의 위대한 물리학자 H. A. 로렌츠가 만든 일련의 방정식에서 찾아냈다. 로렌츠 변환의 초창기 응용은 지금은 주로 과학 역사가들의 관심거리지만, 상대성이론의 수학적 기반을 이루는 한 파트로 존재한다. 그러나 로렌츠 변환의 내용을 이해하기 위해서는 먼저 속도합산원리가 지닌 오류를 짚고 넘어갈 필요가 있다. 아인슈타인은 이러한 오류를 여전히 철로의 예화를 통해 지적했다. 한 번 더 직선 철로를 그려놓고 이번에는 그 철로 옆 제방에 한 관찰자가 앉아 있다고 생각한다. 천둥소리가 울리고 두 개의 번갯불이 분리된 두 지점 A와 B를 동시에 내려친다고 하자.

이제 아인슈타인은 '동시에'란 무엇을 의미하는가? 하고 묻는다. '동시에'라는 말의 정의를 분명히 하기 위해 그는 ①한 관찰자가 AB의 정확히 중간지점에 앉아 있고 ②눈을 돌리지 않고서도 A와 B를 동시에 볼 수 있는 거울들이 구비돼 있다고 가정한다. 그 후 두 번갯불이 정확히 같은 순간에 관찰자의 거울에 비쳐졌다면, 두 개

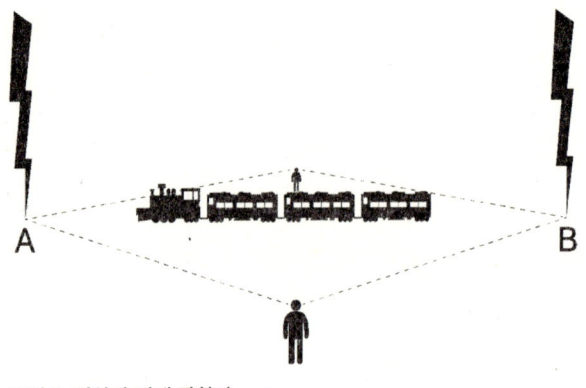

그림 5. 기차와 번개 관찰자

의 번쩍임은 '동시에' 일어났다고 생각할 수 있다. 지금 기차가 철로를 따라 달려오고 있고, 한 관찰자가 제방에 앉아 있는 관찰자의 거울과 같은 것을 가지고 기차 지붕 위에 아슬아슬하게 앉아 있다. 기차 위의 관찰자는 번갯불이 A와 B를 때린 바로 그 순간, 제방에 앉아 있는 관찰자의 위치를 정확히 지나간다. 여기서 질문은 '두 개의 번개가 기차 위 관찰자에게 동시에 일어난 것처럼 보이는가?'이다. 대답은 '그렇지 않다'이다.

이유는 그의 기차가 번갯불 B에서 번갯불 A를 향해

달린다면 B의 번개가 A보다 조금 늦게 기차 위 관찰자의 거울에 반사되기 때문이다. 이 점을 더 확실히 하기 위해 기차가 빛의 속도인 30만km로 돌진하고 있다고 상상해보자. 이 경우에 번개 B는 기차 위 관찰자의 거울에 전혀 반사되지 않는다. 번개 B가 기차를 따라잡을 수 없기 때문이다. 그래서 기차 위 관찰자는 번갯불 하나만 철로를 쳤다고 확신한다. 결국 움직이는 관찰자는 기차의 속도에 상관없이 자기의 진행 방향쪽에 있는 번개가 먼저 철로를 쳤다고 항상 말한다.

결론적으로, 외부의 정지해 있는 관찰자에게는 동시에 일어난 것처럼 보이는 두 번개가 움직이는 기차 위 관찰자에게는 동시에 일어난 것으로 보이지 않는다.

기준계마다 특정 시간이 있다

번갯불의 예를 통해서 본 이 역설은 아인슈타인 철학 중에 가장 미묘하고 난해한 동시성의 상대성 The Relativity of Simultaneity을 생생히 표현해준다. 이는 인간이 '현재'라는 자기의 주관적 감각을 우주 전 분야에 적용할 수 없다는 것을 보여준다. 아인슈타인은 그 이유를 다음과 같이 밝혔다. "각각의 기준계는 자기만의 특정한 시간을 갖고 있다. 시간을 언급할 때 참조할 기준계가 제시돼 있지 않으면 어떤 사건의 시간을 말함에 있어 특정 의미를 부여할 수 없다."•

기존의 속도합산원리가 갖는 첫 번째 오류는 한 사건의 지속 시간이 기준계의 운동 상태와 무관하다는 묵시적 가정에 그 원인이 있다. 갑판을 걷고 있는 선원의 경우, 그가 항해중인 배의 시계로 측정해 시속 3km로 걷는다면 그의 속도는 바다에 고정된 정지시계로 측정한 것과 정확히 똑같다고 가정했었다. 더 나아가 그가 한 시간에 지나간 거리는 바다(정지계)를 기준해 측정했든, 배의 갑판(운동계)을 기준으로 측정했든 동일하다고 가정

• 로렌츠 변환은 운동계에서 관찰한 거리와 시간을 상대적으로 정지한 계에서 측정한 거리, 시간과 연관지어 생각한다. 예를 들어 어떤 계 또는 기준계가 일정한 방향으로 운동하고 있다면, 기존의 속도합산원리에 의해 운동 방향으로 측정한 거리 x'는 상대적으로 정지한 계에 대해 측정한 값

x와 식 $x' = x \pm vt$로 이어진다. 여기서 v는 운동계의 속도이며 t는 시간이다. 길이 y'와 z'는 $y' = y$, $z' = z$에 의해 상대적으로 정지한 계에서 측정한 길이 y와 z로 연결된다. 여기서 y', z'는 x'에 직각이며 운동계에 대해 측정한 것으로 y와 z로 연결된다.

끝으로 운동계에 대해 측정한 시간구간 t는 상대적으로 정지한 계에서 잰 시간구간 t와 식 $t' = t$로 이어진다. 다시 말해 고전물리학에서 거리와 시간은 운동계의 속도에 대해 영향을 받지 않는다는 뜻이다.

그러나 이것이 바로 번갯불의 역설을 이끌어낸 가정이다. 로렌츠 변환은 광속도 c를 모든 관찰자에 대한 불변의 상수로 보고 운동계에서 측정한 거리와 시간을 가변적인 값으로 본다. 다음은 위에 인용된 부적합한 관계를 대체한 로렌츠 변환식이다.

$$x' = \frac{x - vt}{\sqrt{1 - (v^2/c^2)}}$$

$$y' = y$$

$$z' = z$$

$$t' = \frac{t - (v/c^2)x}{\sqrt{1 - (v^2/c^2)}}$$

기존 속도합산원리에서처럼 길이 y'와 z'는 운동에 의해 영향을 받지 않음을 알 수 있다. 만일 운동계의 속도 v가 광속도 c에 비해 상대적으로 작다면 로렌츠 변환식은 속도합산원리에 따라 줄어든다. 그러나 v의 크기가 c의 크기에 근접함에 따라 x'와 t'는 아주 크게 변화한다.

했다. 이것이 속도합산원리의 두 번째 오류다. 거리도 시간처럼 상대적인 개념이며, 기준계의 운동 상태와 무관하게 측정된 이동거리(간격)는 없기 때문이다.

따라서 아인슈타인은 전 우주에 걸친 모든 계에 대해 일관되게 자연현상을 기술하려는 과학자는 시간과 거리를 변수로 간주해야 한다고 주장했다. 로렌츠 변환으로 구성된 방정식은 바로 이 같은 기능을 구현하게 된다. 이 방정식에서 빛의 속도는 불변의 보편적 상수이지만, 시간·거리의 모든 측정값은 각 기준계의 속도에 따라 달라진다.

물리학의 방정식은 편리한 속기표현

이처럼 로렌츠는 어떤 특정한 문제를 풀기 위해 그 방정식을 개발했으나, 아인슈타인은 그것을 훌륭한 일반법칙으로 만든 후 상대성이론에 또하나의 위대한 명제로 추가했다. '자연법칙은 로렌츠 변환으로 표현될 때 모든 계에서 동일성을 갖는다.' 이처럼 추상적인 수학 언어로 언급된 이 명제의 의미가 일반인에게는 분명하게 와닿지는 않는다. 그러나 물리학에 있어 하나의 방정식은 그저 추상적 작업이 아니라 과학자들이 자연현상을 기술하는 데 편리한 속기표현의 일종이라 하겠다. 수학적 표현은 때때로 이론물리학자가 지식의 신비한 영역을 판독하는 하나의 로제타 스톤이 되기도 한다. 아인슈타인은 로렌츠 변환식에 쓰여진 내용의 추론을 통해 물리적 우주에 관한 새롭고도 놀라운 몇 가지 진리를 발견하기에 이른다.

7 / 고전물리학과 특수상대성이론

> 아인슈타인은 아무리 '자명하다' 해도 증명되지 않은 기존의 어떤 원리도 받아들이려 하지 않았다. 그래서인지 그는 이전의 어느 과학자보다도 자연에 깊숙이 내재한 근본 실체에 더 가까이 파고들 수 있었다. 움직이는 시계가 늦어지고 움직이는 자가 줄어든다고 가정하는 것이, 그렇지 않다고 가정하는 것보다 무엇이 이상한지를 아인슈타인은 물었다.

상대성이론은 매우 구체적이고 일상적인 용어로 표현될 수 있다. 그것은 아인슈타인이 상대성이론에 대한 철학적이고 수학적인 기본개념을 먼저 수립한 후, 시간과 공간이라는 추상적인 개념을 시계나 막대자같이 실험실에서 쓰는 구체적인 도구에 적용했기 때문이다. 그렇게 하면서 아인슈타인은 이제까지는 별 의심 없이 받아들여지던 시계와 막대자의 성질에 대해 몇 가지를 언급했다.

로렌츠 변환과 막대자의 수축

예를 들면, 운동계에 속한 시계는 정지해 있는 시계와 다른 리듬으로 움직이며, 운동계에 속한 막대자는 그 계의 속도에 따라서 길이가 바뀐다. 구체적으로 말하면, 속도가 빨라짐에 따라 시계는 느려지고 막대자는 운동 방향으로 길이가 줄어든다. 이런 특이한 변화는 시계와 자의 구조나 재질과는 무관하게 일어난다. 추시계, 용수철시계, 물시계라도 상관없다. 막대자는 금속자나 목재자, 10km 줄자여도 좋다. 시간의 지연이나 자의 길이 수축은 역학적 현상은 아니다. 시계나 막대자와 함께 움직이는 관측자(者)는 이 변화를 알지 못한다. 그러나 운동계에 비해 상대적으로 정지해 있는 관측자는 운동계의 시계가 자신의 시계보다 느려졌으며, 운동계의 막대자가 정지한 자신의 자보다 줄어들었음을 알게 된다.

빛의 속도는 우주 최고의 제한속도

이렇듯 운동하는 시계 또는 막대자의 독특한 행태는 빛의 속도가 일정함을 말해준다. 이로 인해 어느 관측자든지 어디서나 운동상태에 관계없이 빛은 정확히 같은 속도로 관측장비에 도달하며, 또 거기서 출발하게 된다는 사실을 알 수 있다. 움직이는 관측자의 속도가 빛의 속도에 가까워짐에 따라 시계는 느려지고 막대자는 수축해 모든 측정치는 상대적으로 정지해 있는 관측자가 얻은 값과 같아진다. 이런 수축을 지배하는 법칙은 로렌츠 변환에 의해 정해지는데, 이는 아주 간단하다. 속도가 빨라질수록 수축 또한 심해진다. 광속의 90%로 운동하는 막대자는 그 길이가 반으로 줄어든다. 그 이상의 속도에서는 수축률이 더욱 빨라진다. 또한 빛의 속도에 달하면 극한까지 수축해 사라져버린다.

이와 마찬가지로 빛의 속도로 움직이는 시계는 완전히 정지하게 된다. 이로부터 물체에 아무리 강한 힘을 가할지라도 그 물체는 빛보다는 빨리 움직일 수 없다는 결론에 도달한다. 이같이 상대성이론은 자연의 또다른 기본법칙을 제시한다. "빛의 속도는 우주에서 최고의 제한 속도다."

상식이란 18세 이전에 습득한 편견 덩어리

처음에는 이런 사실을 받아들이기가 쉽지 않다. 고전물리학에서는 "한 물체가 정지하고 있든 운동하고 있든 같은 크기를 가지며, 시계가 정지해 있든 운동하고 있든 같은 리듬을 유지한다"는, 조리에 맞지 않는 가정을 했기 때문이다. 고전물리학의 이 가정은 상식적으로는 맞는 말이다. 그러나 아인슈타인이 지적한 바와 같이 '상식'이란 18세 이전에 습득한 편견 덩어리일 뿐이다. 그 후에 나타난 모든 새로운 개념은 기존에 굳건히 자리잡고 있던 '자명한' 낡은 개념과 싸워야만 한다. 그래서 아인슈타인은 기존에 아무리 '자명하다' 해도 증명되지 않은 것은 어떤 원리도 받아들이려 하지 않았다. 그랬기 때문에 그는 이전의 어느 과학자들보다도 자연에 깊숙이 내재한 근본 실체에 더 가까이 파고들 수 있었다.

움직이는 시계가 늦어지고 움직이는 막대자가 줄어

든다고 가정하는 것이, 그렇지 않다고 가정하는 것보다 무엇이 이상한지를 아인슈타인은 물었다. 고전물리학에서 후자의 견해가 당연히 옳다고 생각한 이유는 인간의 일상 경험에서는 이런 변화를 일으킬 정도의 엄청난 속도를 경험해볼 수 없기 때문이다. 자동차에서도, 비행기에서도, V-2 로켓에서 조차도 시계가 느려짐은 측정할 수 없다. 단지 속도가 빛의 속도에 근접할 때에만 상대론적인 효과가 감지될 수 있다. 보통 속도에서는 시간과 공간의 변화가 사실상 일어나지 않는다는 것을 로렌츠 변환식은 명확히 보여준다. 따라서 상대성이론은 이같이 보통 속도에서는 고전물리학과 모순되지 않는다. 고전물리학의 기존 개념들은 인간에게 익숙한 경험에만 적용되는 상대성이론의 제한적 사례일 뿐이다.

안 보이는 물질 입자의 전혀 다른 행태

이로써 아인슈타인은 감각을 통해 인식한 대로만 실체를 정의하려는 인간의 성향 때문에 생긴 장벽을 뛰어넘었다. "눈에 보이지 않는 물질의 기본입자는 우리의 감각으로 인식되는 더 큰 입자들처럼 작동하지 않는다"는 것을 양자론에서 증명한 것처럼, 상대성이론은 우리의 둔한 눈에 보이는 물체의 느린 행동을 기준으로 엄청난 속도의 물체에서 일어나는 현상을 예측할 수 없음을 보여준다. 그렇다고 상대성이론이 예외적인 사건에만 국한된다고 가정할 수는 없다. 오히려 상대성이론은 믿을 수 없을 만큼 복잡한 우주를 하나의 포괄적인 그림으로 보여준다. 그 포괄적인 우주에서는 지구에서 우리가 경험하는 단순한 역학적 사건들이 오히려 예외적인 일이 된다. 무척 빠르게 움직이는 원자세계 속에서 볼 수 있는 초고속도와 시공을 초월한 별들의 광대함을 마주 대한 현대 과학자는 고전적인 뉴턴의 법칙이 부적절함을 알게 된다. 반면 상대성이론은 그 과학자가 모든 상황에 있어서 자연을 완전하고 정확하게 설명할 수 있게 해준다.

아인슈타인의 학설은 그것이 실제로 맞는지 테스트될 때마다 충분히 그 타당성과 실효성을 인정받았다. 시간의 상대적 지연 현상을 증명하는 놀라운 결과가 1936년 벨 연구소 H. E. 아이브스의 실험에서 드러났다. 방사성 원자는 명확한 진동수와 파장을 가진 빛을 방출한다는 점에서 일종의 시계로 볼 수 있는데, 분광기를 가지고 그 빛을 정확히 측정할 수 있다. 아이브스는 고속으로 움직이는 수소원자에서 방출된 빛과 멈춰 있는 수소원자의 빛을 비교해, 움직이는 수소원자의 진동수가 아인슈타인 방정식이 예측한 바와 정확히 일치하여 줄어들었음을 알았다.

과학의 발전 속도가 빨라짐에 따라 시간이 느려진다는 법칙과 관련해 훨씬 더 흥미로운 실험을 하게 될지도 모른다. 어떤 주기운동이든지 시간 측정에 사용할 수 있기 때문에, 아인슈타인은 인간의 심장도 일종의 시계라고 말했다. 따라서 상대성이론에 따르면 빛에 가까운 속도로 움직이는 사람의 맥박은 그의 호흡이나 다른 모든 생리적인 진행과 함께 상대적으로 느려질 수 있다. 그는 자신의 시계도 같은 비율로 느려지기 때문에 그러한 지연을 알아채지 못하지만, 정지해 있는 사람의 시계로 판단할 때에는 아주 천천히 늙어가는 것이다.

상대성이론은 믿을 수 없을 만큼 복잡한 우주를 하나의 포괄적인 그림으로 보여준다.

8 / 질량이 곧 에너지, $E=mc^2$

> 이제까지 과학은 물질이 인간에게 인식될 때 오직 그 물질의 일시적인 성질이나 관계만을 설명할 뿐이었다. 그러나 1945년 7월 16일 이후 인간은 질량과 에너지 중 하나를 다른 것으로 변환할 수 있게 됐다. 그날 밤, 미국 뉴멕시코주 알라모고도에서 인간은 최초로 물질의 상당한 양을 빛, 열, 소리, 운동 등의 에너지로 변환했다.

물리적 우주의 역학적인 원리를 기술하기 위해서는 시간, 거리, 질량이라는 세 가지 요소가 필요하다. 시간과 거리는 상대적인 척도이기 때문에 "물체의 질량 역시 그 운동 상태에 따라 변하지 않을까"라고 추측할 수 있다. 그 추측대로 상대성이론의 가장 중요하고 실질적인 결과는 바로 이 '질량의 상대성원리'에서 생겨났다. 일반적으로 '질량mass'은 '중량weight'이라는 말과 같은 의미로 쓰인다. 그러나 물리학자가 사용할 때 이 둘은 엄연히 구별된다. 질량은 물질의 더 근본적인 성질, 곧 '운동 변화에 대한 저항'의 척도이다. 알다시피 세발자전거보다 화물차를 움직이고 멈출 때 더 큰 힘이 필요하다. 화물차는 세발자전거보다 질량이 더 크기 때문에 운동 변화에 더욱 완강히 저항하는 것이다.

물체가 작아지면서 무거워질 수 있을까?

고전물리학에서 물체의 질량은 고정불변의 특성이다. 따라서 화물차의 질량은 정지하고 있든지, 시속 60km로 달리든지, 초속 6만km로 외계공간을 빠르게 비행하든지 동일한 값을 유지하고 있어야 한다. 그러나 상대성이론에 따르면 운동하는 물체의 질량은 결코 고정값이 아니며, 관찰자의 상대적인 속도에 따라 질량도 증가한다. 고전물리학은 이같은 사실을 발견하지 못했다. 그 원인은 인간의 감각과 측정기구가 정밀하지 못해서 일상에서 경험하는 미미한 가속에 의한 질량의 극미한 증가를 인식할 수 없었기 때문이다.

이같은 질량의 증가는 광속에 가까운 속도에 도달할 때에만 인식되기 시작한다. 이 현상은 길이의 상대론적 수축에도 적용된다. 그렇다면 '어떻게 물체가 작아지면서 동시에 무거워질 수 있을까?' 하는 의문을 가질 수 있다. 수축은 운동 방향으로만 생긴다는 점에 주의해야 한다. 폭과 넓이는 아무런 영향도 받지 않으며, 질량은 단순히 '무게'가 아니라 '운동 변화에 대한 저항'이라는 점을 잊지 말아야 한다. 속도에 따라 질량이 증가한다는 사실을 보여주는 아인슈타인의 방정식은 상대성이론의 다른 식들과 형태는 비슷하지만, 그 결과는 비교가 안될 정도로 중요하다. 그것은 다음과 같다.

$$m = \frac{m_0}{\sqrt{1 - v^2/c^2}}$$

여기서 m은 속도 v로 운동하는 물체의 질량이며, m_0는 정지했을 때의 질량이고, c는 빛의 속도를 나타낸다. 기초 대수를 배워본 사람은 누구나 v가 흔히 경험하는 속도와 같이 작아지면 m_0와 m의 차이는 사실상 0인 것을 쉽게 알 수 있다. 그러나 v가 c값에 근접할수록 질량의 증가는 매우 커지며, 운동하는 물체의 속도가 빛의 속도에 달할 때에는 무한대가 된다. 질량이 무한히 큰 물체는 운동을 거역하는 무한한 저항을 주기 때문에 어떤 물체도 빛의 속도로 움직일 수 없다는 결론에 이르게 된다(부록 참조).

에너지도 질량을 갖는다

상대성이론의 여러 내용 가운데 질량증가의 원리는 실험 물리학자들에 의해 줄곧 그 타당성이 검증됐으며, 성공적으로 적용돼 왔다. 강한 전기장에서 운동하는 전자와 방사성 물질에서 방출된 베타입자의 속도는 광속도의 99%에 달한다. 이렇게 놀랍도록 빠른 속도를 다루는 원자물리학자들에게 상대성이론에 의해 예측된 질량증가설은 이미 논쟁의 여지가 없게 됐으며, 그 계산값 역시 무시할 수 없는 사실이 되었다. 실제로 양성자 가속기와 새로운 초고속 에너지 장비의 설계는 입자의 속도가 빛의 속도에 근접할 때 입자의 질량이 증가한다는 사실을 감안해야 한다.

아인슈타인은 그의 질량 상대성원리에서 더 발전한 추론을 통해 매우 중요한 결론에 도달했다. 그의 추론은 다음과 같이 이어진다. 움직이는 물체의 질량은 그 운동이 증가함에 따라 커지며, 운동은 에너지의 한 형태이므로 움직이는 물체의 증가된 질량은 증가된 에너지로부터 온다. 다시 말해 에너지도 질량을 갖는다. 아인슈타인은 비교적 간단한 몇 가지 수학적 과정을 통해 에너지 E에 해당하는 질량 m값을 찾아냈고 이를 방정식 $m=E/c^2$로 표현했다. 이로써 고등학교 1학년 정도의 학생이라면 대수를 이용해 역사상 가장 중요하고 유명한 방정식을 쉽게 얻을 수 있다.

많은 독자가 원자폭탄 개발에서 이 방정식이 담당한 역할을 알고 있을 것이다. 이를 물리학적으로 기술하면 다음과 같다. "어떤 물질의 입자에 포함된 에너지는 그 물체의 질량에 광속의 제곱을 곱한 것과 같다." 이 특별한 관계는 실생활의 구체적인 값으로 바꿔보면 더욱 뚜렷해진다. 1kg의 석탄이 전부 에너지로 바뀌면 250억 kwh의 전기가 된다. 이는 미국의 모든 발전소를 2개월간 쉬지 않고 가동함으로써 생기는 전기의 양이다.

물질과 에너지의 상호변환

$E=mc^2$는 오랫 동안 신비에 싸여 있던 수많은 물리학적 현상들에 해답을 제공한다. 이 방정식은 어떻게 라듐과 우라늄 같은 방사성 물질이 어마어마한 속도로 입자를 방출하며, 그것도 수백만 년 동안 계속 방출할 수 있는지를 설명해준다. 그것은 태양과 모든 별이 빛과 열을 수십억 년 동안 계속해서 뿜어낼 수 있는지에 대한 이유도 알려준다. 만일 태양이 평범한 연소 방식으로 불타고 있었다면, 지구는 이미 아주 오래 전에 얼어 붙은 암흑 속으로 사멸됐을 게 분명하다. 그것은 원자핵 속에 잠재해 있는 막대한 에너지의 양을 나타내며, 한 도시를 파괴하기 위한 폭탄 제조에 몇 그램의 우라늄이 필요한지도 예측하게 한다.

마지막으로 $E=mc^2$는 물리적 실체에 관한 기본적인 진실 몇 가지를 우리에게 보여준다. 상대성이론 이전의 과학자들은 우주를 서로 다른 두 요소, 즉 물질과 에너지를 포함한 하나의 그릇으로 구상했다. 그 우주 속에서 물질은 정적이며, 눈에 보이고 만져지는 데다가 질량을 갖는 특성이 있는 반면, 에너지는 동적이고 보이지 않으며 질량이 없다는 성질을 갖는다. 그러나 아인슈타인은 질량과 에너지가 동등하다는 것을 증명했다. 질량이란 것은 단순히 농축된 에너지에 불과하다. 다시 말하면 물질은 에너지이고 에너지는 물질이다. 그 차이는 단순히 일시적인 상태 중 하나일 뿐이다.

이렇듯 포괄적인 원칙 안에서 대자연 속에 숨어 있던 수많은 퍼즐들이 맞춰지고 있다. 어떤 때에는 입자의 집합으로도 보이며 파동의 집합으로도 보이는 물질과 복사선 간의 난해한 상호작용을 더욱 잘 이해할 수 있게 된 것이다. 물질의 단위이자 전기의 단위로서 전자가 갖는 이중성, 파동전자, 광자, 물질파, 확률파 등 파동의 우주에 속한 모든 현상이 덜 역설적으로 보이게 됐다. 이 모든 개념은 동일한 기본적 실체를 달리 표현한 것뿐이며, '이들이 진짜 무엇인가'라고 묻는 것은 더이상 의미가 없다. 물질과 에너지는 상호변환이 가능하기 때문이다. 물질이 질량을 벗어버리고 빛의 속도로 진행하면, 우리는 그것을 복사 또는 에너지라고 부른다. 반대로 에너지가 응집해 다른 형체를 갖게 되면, 그것을 '물질'이라고 부른다.

질량과 에너지의 실체

이제까지 과학은 물질이 인간에게 인식될 때 오직 그 물질의 일시적인 성질이나 관계만을 설명할 뿐이었다. 그러나 1945년 7월 16일 이후 인간은 질량과 에너지 중 하나를 다른 것으로 변환할 수 있게 됐다(미국의 '맨해튼 프로젝트'에 의해 완성된 인류 최초의 원자폭탄 실험 _옮긴이). 그날 밤, 미국 뉴멕시코주 알라모고도에서 인간은 최초로 물질의 상당한 양을 빛, 열, 소리, 운동 등의 에너지로 변환했다.

그러나 근본적인 미스터리는 아직도 남아 있다. 모든 물질을 원소로, 이를 다시 몇 가지 입자로 바꾸는 것, '힘forces'을 단일 개념인 에너지로 환원하는 것, 물질과 에너지를 단일한 기본량으로 통합하는 등의 개념을 통일하려는 과학적 행진은 여전히 방향을 못잡는 듯하다. 수많은 의문이 합쳐져 결국 풀 수 없을 것 같은 하나의 의문으로 축소되고 있다. 곧 질량과 에너지 실체의 본질은 무엇이며, 과학이 탐구하려는 물리적 실체의 가장 밑바닥에는 무엇이 있는가?

모든 운동계를 지배하는 신비한 힘

이처럼 상대성이론은 양자론과 같이 뉴턴식 우주(공간과 시간에 국한돼 문제없이 돌아가는 거대한 기계같은 우주)로부터 멀찌감치 벗어나 인간의 지성을 끌어올리고 있다. 아인슈타인의 운동법칙, 거리, 시간, 질량에 관한 상대성원리, 그리고 이러한 법칙과 원리에서 추론된 이론은 '특수상대성이론Special Theory of Relativity'으로 알려지게 된다. 이 논문의 원본을 출판한 후 10년 동안 아인슈타인은 이 과학적, 철학적 체계를 '일반상대성이론General Theory of Relativity'으로 발전시켰다.

또한 이를 통해 항성, 혜성, 유성, 은하의 회전운동

과 '불가사의하고 광대한 텅 빈 공간' 속에 있는 철, 돌, 수증기, 화염 등의 모든 운동계를 지배하는 신비한 힘을 연구했다. 뉴턴은 이 힘을 '만유인력universal gravitation'이라고 불렀으며, 아인슈타인은 자기만의 중력 개념을 이용해 우주의 광대한 전체구조와 세부구조를 통합해 보는 견해를 얻어냈다.

9 / 일반상대성이론의 예비지식: 4차원 시공연속체

> 우주의 장엄함은 오직 우주적 지성으로만 설명할 수 있다. 그러나 수학자는 기호를 사용하여 우주를 4차원 시공연속체라고 상징적으로 표현할 수 있다. 시공연속체를 이해하는 것은 일반상대성이론을 파악하는 것과 이 우주를 움켜쥐고서 그 모양과 크기를 결정하는 보이지 않는 힘, '중력'을 이해하는 데에 필수적이다.

"비수학자가 '4차원적인 것'이란 말을 들으면 왠지 오싹한 공포감과 함께 신비로우면서도 얼떨떨한 느낌에 사로잡힌다. 그러나 우리가 살고 있는 이 세계를 4차원 시공연속체space-time continuum라고 말하는 것보다 더 상식적이고 무난한 표현은 없다"고 아인슈타인은 말했다.

비수학자는 아인슈타인의 '상식적인'이란 말에 의문을 가질지도 모른다. 그러나 그 의문은 개념에 있다기보다는 '말의 표현'에 있다. 일단 '연속체'란 말의 의미를 제대로 이해한다면, 4차원 시공연속체로서의 아인슈타인의 우주 개념은 물론, 그것이 모든 현대 우주 개념의 기초가 되고 있다는 사실이 훨씬 더 분명해진다. 연속체란 연속되는 '어떤 것'이다. 예를 들어 막대자는 일차원 공간연속체이며, 대부분의 자는 크게 1cm 단위로 눈금이 나뉘고 1mm까지 소눈금이 매겨져 있다.

비행을 물리적 실체로 구체화하려면

한편 1mm의 100만분의 1 혹은 10억분의 1까지 눈금이 매겨진 자도 상상할 수 있다. 이론상으로는 눈금과 눈금 사이 간격이 더 작아지면 안되는 이유는 없다. 연속체의 뚜렷한 특징은 두 점 사이의 구간을 무수히 많은, 더 작은 단계로 나눌 수 있다는 점이다.

철로는 1차원 공간연속체이며, 열차 기장은 언제든지 정거장이나 이정표 같은 1차원 좌표점을 인용해 철로

위의 자기 위치를 나타낼 수 있다. 그러나 바다 위의 선장은 2차원 상에서 자신의 위치를 걱정하지 않을 수 없다. 해수면은 2차원 연속체이며 여기서 자기 위치를 알리는 데 필요한 좌표점은 경도와 위도이다. 비행기의 기장은 3차원 연속체를 통과해 가므로 경도, 위도뿐 아니라 고도까지 고려해야 한다. 비행기 기장에게 연속체란 우리가 알고 있는 바와 같이 공간으로 이뤄져 있다. 즉 우리 세계의 공간은 3차원 연속체라는 말이다.

그러나 운동중인 물리적 사건을 묘사하려면 공간에서의 위치를 언급하는 것만으로는 불충분하다. 위치가 시간에 따라 어떻게 변하는지를 말할 필요가 있다. 그러므로 뉴욕-시카고 간 특급열차의 운행 상황을 정확히 알려면 그 열차가 뉴욕에서 알바니로, 시러큐스로, 클리블랜드로, 톨리도를 거쳐 시카고로 간다는 것뿐 아니라 열차가 각 지점에 도착하는 시간도 말해줘야 한다. 이것은 시간표나 그래픽 차트를 써서 할 수 있다. 한 장의 차트에 뉴욕과 시카고 사이의 거리를 수평으로 그리고 시간을 수직으로 그려 넣는다면, 그 종이에 적절히 그려진 대

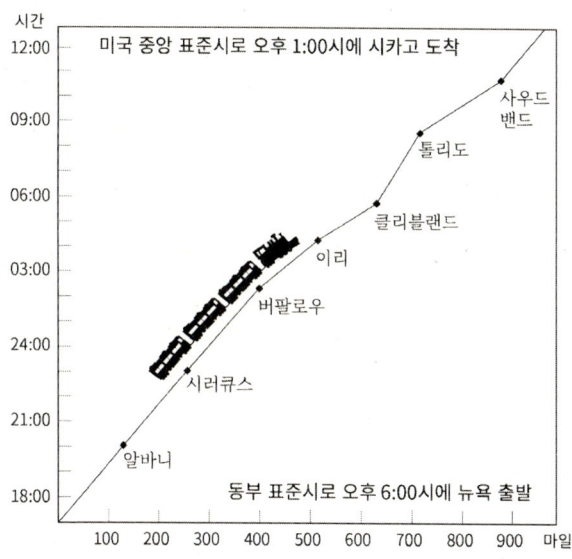

그림 6. 2차원 시공연속체로 표현된 뉴욕-시카고 간 열차 진행표

각선은 2차원 시공연속체에서 기차의 진행 과정을 보여주게 된다.

이런 형식의 차트는 대부분의 독자들에게 널리 알려져 있다. 예를 들어 증권시장의 주식시세 차트는 2차원적 시간과 금액의 연속체에서 재정변동을 잘 나타낸다. 같은 방법으로 뉴욕-LA 간 항공기의 운항은 4차원 시공연속체에서 제일 잘 나타난다. 비행기가 위도 x에, 경도 y에, 고도 z에 있다는 사실이 시간 좌표에 나오지 않는다면 공항의 관제사나 비행기 기장에게는 아무런 의미가 없다. 그래서 시간은 네 번째 차원이 된다.

만일 비행 전체를 하나의 물리적 실체로 구체화하고 싶다면 그 비행은 연결돼 있지 않은 일련의 활주, 이륙, 상승, 착륙 등으로 나누면 안된다. 오히려 4차원 시공연속체에서 끊임없이 이어지는 연속적인 곡선으로 접근해야 한다.

시간은 인간의 감각으로 인식될 수 없기 때문에 이를 그림으로 묘사하거나 4차원 시공연속체의 모형을 만들기는 불가능하다. 하지만 상상하거나 수학적으로 표현할 수는 있다. 태양계를 지나 은하수의 별구름 무리를 넘고서, 다시 허공 속에서 불타는 외떨어진 은하계를 뛰어넘어 우주의 엄청난 영역을 묘사하기 위해, 과학자는 이 모든 것을 3차원 공간에 시간 차원 한 개를 더한 연속체로 시각화해야 한다. 우리는 이 두 가지 차원을 분리하려는 경향이 있고, 공간과 시간을 따로따로 인식하고 있다.

그러나 이러한 분리는 순전히 주관적인 것이다.

시간과 공간은 뗄 수 없는 관계

특수상대성이론이 보여주는 것처럼 시간과 공간은 서로 다른 방식으로 각 관측자에 따라 달라지는 상대적인 양이다. 과학이 요구하는 것처럼 우주를 객관적으로 설명할 때 시간차원과 공간차원은 분리할 수 없다. 마치 집이나 나무, 여배우 베티 그레이블을 정확히 표현할 때 길이, 폭, 넓이가 서로 떨어질 수 없는 것처럼 말이다. 독일의 유명한 수학자 헤르만 민코프스키는 상대성원리를 표현하기 위한 편리한 매개체로 시공연속체에 대한 수학을 발전시켰다. 그에 따르면 "시간과 공간은 각기 다른 방식으로 사라져왔고 지금도 계속해서 사라지고 있다. 시간과 공간이 결합된 형태만이 실체를 그 안에 보존하고 있다"고 말했다.

그러나 시공연속체를 단순히 수학적인 구조라고 생각해서는 안된다. 이 세계가 일종의 시공연속체라고 말할 수 있다. 모든 실체가 특정 공간과 시간에 존재하며 이들은 분리할 수 없는 관계다. 시간의 모든 척도는 실제로 공간의 척도이며, 반대로 공간의 척도 역시 시간에 좌우된다. 초, 분, 시간, 일, 주, 달, 계절, 연수 등은 태양, 달, 별 등과 연관된 상대적인 공간에서 지구의 위치 척도가 되고 있다. 이같이 인간이 지구상에서 자신의 공간적 위치를 정하는 데 쓰는 용어, 곧 경도와 위도는 분과 초로 측정된다. 이것을 정확히 계산하기 위해서는 그 해의 날과 그 날의 시간을 알아야 한다. 적도, 북회귀선, 북극권 등을 나타내는 위치의 이정표는 변화하는 계절을 재는 해시계에 불과하다. 본초자오선이라는 것도 매일 매일의 시간좌표이며 '정오'는 태양의 한 각도일 뿐이다.

    그렇다 해도 시간과 공간의 등가성은 별들에 대해 상세히 알아볼 때에 더욱 분명해진다. 익숙한 별자리 중에 어떤 것은 실제로 존재해 그 구성 별들이 상대적으로 질서 있게 운동하는 실제 중력계를 이루고 있다. 그러나 어떤 것은 겉보기만 그럴 뿐이다. 그 별들의 패턴은 서로 관련이 없음에도, 인간의 시선에 인접한 것처럼 보기 때문에 우연히 생겨난 광경이다. 흔히 보이는 별자리 가운데 밝기가 같은 두 별을 관찰한 후, 그 별들이 바로 옆에 위치해 있다고 말할지 모른다. 하지만 실제 상황은 다르다. 하나는 40광년 되는 거리에 있고, 또 하나는 400광년이나 멀리 떨어져 있을 수도 있다.

수억 년 전 별빛이 내 눈앞에

천문학자들은 분명히 우주를 시공연속체로 생각해야 한다. 망원경으로 바라볼 때 이는 우주의 바깥을 볼 뿐 아니라, 시간적으로는 과거를 보고 있는 것이기도 하다. 정밀한 고성능 카메라는 5억 광년이나 떨어진 섬우주의 희미한 별을 감지할 수 있는데, 그 빛은 최초의 척추동물이 고대의 따뜻한 바닷 속에서 신생대륙으로 기어오르기 시작한 그 때에 이미 시간여행을 시작한 것이다. 더 나아가 분광기를 사용하면, 이 거대한 외계는 초속 56,326.9km에 달하는 놀라운 속도로 우리의 은하로부터 멀어지며 빠른 속도로 아무도 모르는 곳으로 사라져감을 알 수 있다.

좀 더 정확하게 그들은 5억만 년 전부터 우리들로부

터 멀어져가고 있었다. 그들이 '지금' 어디에 있는지, 과연 '지금도' 존재하는지는 알 수 없다. 만일 우리가 우주의 모양을 주관적인 3차원 공간과 1개의 지역시간 차원으로 나눈다면, 이 은하들은 사진건판에 나타난 고대의 희미한 빛의 얼룩들이라는 것밖에 아무런 객관적 존재도 아니다. 그들은 4차원 시공연속체라는 자기들의 기준계 내에서만 물리적 실체로 존재할 뿐이다.

우주적 장엄을 설명할 수 있는 조건

잠시 동안 지구에 사는 우리 인간은 과거, 현재, 미래에 대한 각자의 느낌에 따라 자기중심적으로 사건을 배열한다. 그러나 '인간의 의식'이라는 틀을 벗어나면 객관적 세계의 실체인 우주에서는 아무 일도 일어나지 않으며, 우주는 단순히 '존재'할 뿐이다.

이 우주는 오직 우주적 지성에 의해서만 그 전체의 장엄함을 설명할 수 있다. 하지만 수학자는 기호를 사용하여 우주를 4치원 시공연속체라고 상징적으로 표현할 수도 있다. 시공연속체를 이해하는 것은 일반상대성이론

그림 7. 제5회 솔베이회의 참석자들 —— 1927년 10월, 벨기에 브뤼셀에서 열린 '제5회 솔베이회의' 참석자들의 사진이다. 3년마다 열리는 솔베이회의 중에서도 1927년에 열린 다섯 번째 회의는 매우 유명하다. 이 회의에서 양자역학의 토대를 명확히 했으며, 참석자 29명 중 17명이 노벨상을 받았기 때문이다. 앞줄 왼쪽 세 번째에 마리 퀴리와 가운데에 아인슈타인의 모습이 보인다. (사진: 위키백과)

을 파악하는 것과 이 우주를 움켜쥐고서 그 모양과 크기를 결정하는 보이지 않는 힘, '중력'을 이해하는 데에 필수 요소이다.

10 / 일반상대성이론의 출발점: 관성과 중력

> 아인슈타인은 중력이 순간적으로 아주 먼 거리까지 미칠 수 있는 '힘'이라는 생각을 받아들이지 않았다. 지구가 우주공간 깊숙이 영향을 미칠 수 있고, 놀랍게도 어떤 물체가 지닌 관성저항과 동일한 힘으로 그 물체를 지구쪽으로 끌어당길 수 있다는 생각은 아인슈타인에게 있어서는 불가능한 일이었다.

특수상대성이론에서 아인슈타인은 운동현상을 연구한 후, 지구나 다른 운동계의 절대운동을 판별할 수 있는 고정된 표준이 우주 안에는 없다고 밝혔다. 운동은 다른 물체에 대한 위치의 변회로만 감지할 수 있다. 우리는 지구가 초속 32km 속도로 태양 주위를 돌고 있다는 사실을 알고 있다. 계절의 변화가 이를 알려주기 때문이다. 그러나 400년 전만 하더라도 사람들은 하늘에서 태양의 위치가 변하는 것은 태양이 지구 주위를 돌기 때문이라고 생각했었다. 이같은 가정에 기초해 고대 천문학자들은 매우 실용적인 천체역학 시스템을 발전시켰고, 이것으로 천체의 주요 현상을 정확히 예측할 수 있었다. 그들의 가설이 당연할 수밖에 없었던 이유는 우리가 공간 안에서 움직인다는 것을 느낄 수 없었기 때문이다. 또한 어떤 물리적 실험으로도 지구가 실제 움직이고 있다는 것을 증명해본 적이 없었기 때문이다.

운동은 일종의 상대적인 상태

다른 모든 유성·항성·은하와 우주 내 운동계들이 쉴새 없이 그 위치를 바꾸고 있지만, 그들의 운동은 단지 상대적으로만 관측할 수 있다. 만일 우주에 있는 물체가 하나만 남고 모두 없어진다면, 그때에는 그 남아 있는 물체가 정지하고 있는지, 초속 10만km로 허공 속을 빠르게 움직이는지 아무도 분별할 수 없다. 운동은 일종의 상대적인 상태이다. 비교할 수 있는 어떤 기준체가 없는 상황에서 그 물체 혼자만의 운동을 논한다는 것은 무의미한 일이다.

그러나 특수상대성이론이 발표된 지 얼마 후 아인슈타인은 "절대적이라고 생각되는 운동이 정말 하나도 없을까" 하는 의문을 품기 시작했다. 그런 생각을 하게 된 동기는 다른 계를 참고하지 않고서도 운동계 자체에 가한 영향으로 나타난 물리적 결과를 통해 그 운동을 탐지할 수 있기 때문이다. 예를 들면, 유유히 달리는 기차 안의 관찰자는 기차 안에서 행한 실험만 갖고서는 그가 운동하고 있는지, 정지하고 있는지를 분간할 수 없다. 그러나 기관사가 갑자기 브레이크를 밟거나 엔진 속도를 급히 올리면 그로 인해 생긴 갑작스런 움직임 때문에 속도 변화를 느끼게 된다. 만약 기차가 구부러진 선로 위에서 회전할 때에는 기차의 방향 변화에 저항하면서 관찰자의 몸이 밖으로 쏠리게 되므로 기차의 진행 방향이 어디로 변경된 것인지를 알 수 있다.

그러므로 아인슈타인은 만약 전 우주에 하나의 물

체, 즉 지구만이 존재하고 그것이 갑자기 불규칙하게 회전한다면 그곳에 사는 사람들은 어지러움으로 인해 자신의 움직임을 알 수 있다고 추론했다. 이것은 힘이나 가속에 의해 생기는 운동, 곧 비등속운동이 결국에는 절대적일 수도 있다고 말해준다. 더불어 빈 공간이 '절대운동'을 분별할 수 있는 기준계로도 사용될 수 있음을 말해준다.

절대운동의 기준계로서 빈 공간

공간은 텅 비어 있고, 운동은 상대적이라고 주장한 아인슈타인에게 얼핏 보기에 비등속운동의 독특한 특징은 그를 몹시 심란하게 만들었다. 특수상대성이론에서 아인슈타인은 상대적으로 등속운동하는 모든 시스템에 대해 자연법칙은 동일하다는 것을 그의 전제조건으로 삼아왔다. 자연의 보편적 조화에 대한 확고한 신념을 갖고 있던 그는 비등속운동 상태에 있는 시스템은 자연법칙에 있어 뭔가 다른, 특별한 운동계라는 것을 믿지 않았다. 그리하여 일반상대성이론의 기본 전제조건으로 "자연의 법칙은 운동상태와는 관계없이 모든 우주 시스템에 대해 동일하다"고 말했다. 논문을 전개해나가는 동안 아인슈타인은 새로운 중력법칙을 수립했는데, 이는 300년 동안 인간의 우주관을 형성해온 대부분의 개념을 뒤집어 놓았다.

아인슈타인 이론의 발판은 뉴턴의 관성법칙

아인슈타인의 이론이 시작된 발판은 뉴턴의 '관성법칙 Law of Inertia'이다. 대부분의 학생들이 아는 것처럼 "모든 물체는 힘을 가해 그 상태를 강제로 바꾸지 않는 한, 정지상태 혹은 일직선상의 등속운동을 계속한다"는 것이 관성법칙이다. 기차가 갑자기 속도를 낮추거나 올리거나 커브를 돌 때 우리에게 독특하고 짜릿한 느낌이 일어나는 것은 바로 이 '관성' 때문이다. 인간의 몸은 계속해서 직선으로 등속운동을 하려고 한다. 따라서 기차가 우리에게 반대 방향의 힘을 가했을 때 관성은 그 힘을 저항하는 방향으로 나타난다. 화물칸이 줄지어 연결된 기차의 속도를 높이기 위해 기관차가 시끄러운 소리를 내며 힘겹게 잡아끄는 것도 역시 관성 때문이다.

그러나 이는 또다른 흥미로운 생각을 이끌어낸다. 만일 화물칸에 짐을 실었다면 기관차는 화물차가 비었을 때보다 더 많은 일을 해야 하며, 따라서 더 많은 연료를 연소시켜야 한다. 이로 인해 뉴턴은 그의 관성법칙에 제2법칙을 덧붙였다. 그 내용은 "한 물체를 가속하는 데 필요한 힘의 양은 그 물체의 질량에 의해 결정된다"는 것이다. 곧 서로 다른 질량을 가진 두 물체에 동일한 힘이 가해지면 그 힘은 질량이 큰 물체보다 작은 물체에 더 큰 가속도를 갖게 한다. 이 원리는 유모차를 미는 데서부터 대포를 쏘는 데 이르기까지 날마다 경험하는 모든 분야에 적용되는 사실이다. 그것은 대포알을 던지는 것보다 야구공을 던질 때 더 멀리, 더 빠른 속도로 날아가게 할 수 있다는 명백한 사실을 일반화한 것이다.

질량에 상관없이 같은 속도로 낙하

그러나 운동물체의 가속도와 질량 사이에는 아무 관련이 없는 것처럼 보이는 특이한 상황이 하나 있다. 야구공과 대포알이 '낙하'할 때는 정확히 동일한 비율의 가속도를 얻는다. 이 현상은 갈릴레오에 의해 최초로 발견되었다. 그는 '공기의 저항을 무시하면' 모든 물체가 크기나 재질에 상관없이 정확히 동일한 속도로 낙하한다는 것을 실험으로 증명했다. 실제로 야구공과 손수건은 서로 다른 속도로 떨어지는데, 이는 손수건이 공기저항을 받는 면적이 더 넓기 때문이다. 그러나 조약돌, 야구공, 대포알과 같은 모양의 물체는 거의 똑같은 속도로 낙하한다. 진공상태에서는 손수건과 대포알도 나란히 떨어지게 된다. 얼핏 이 현상은 뉴턴의 관성법칙에 위배되는 것처럼 보인다. 왜 모든 물체는 그들의 크기나 질량에 관계없이 수직 방향에서는 같은 속도로 움직이며, 같은 물체를 같은 힘으로 던져도 수평 방향일 때에는 물체의 질량에 의해 엄격히 정해진 속도로 움직일까? 이로 인해 관성 요인은 마치 수평면에서만 작용하는 것처럼 보일지도 모른다.

이 수수께끼에 대한 뉴턴의 답변은 그의 '중력법칙 Law of Gravitation'에 나와 있다. 이 법칙은 한 물체가 다른 물체를 끌어당기는 신비한 힘은 이끌리는 물체의 '질량'에 비례한다는 간단한 사실을 말해준다. 물체가 무거울수록 중력의 요구는 더욱 강해진다. 물체가 작다면 그것의 관성 또는 운동에 저항하는 경향도 작지만 중력이 물체에 미치는 영향 역시 보잘것없다. 만일 같은 밀도를 가진 물체의 크기가 크다면 그 관성은 커지지만 중력이 물체에 미치는 힘도 크다. 따라서 중력은 항상 물체의 관성을 극복하는 데 정확히 필요한 정도로만 작용한다. 이것이 바로 모든 물체가 관성질량에 상관없이 같은 속도로 떨어지는 이유이다.

뉴턴보다 더 정확히 자연을 그려내다

이처럼 놀라운 일치, 즉 '중력과 관성의 완벽한 조화'는 아무 의심 없이 받아들여졌으나, 뉴턴 이후 3세기 동안은 제대로 이해되거나 설명되지는 못했다. 현대의 역학과 공학은 모두 뉴턴적 개념에서 나왔고, 천체는 그의 법칙에 따라 움직이는 것처럼 보였다. 그러나 아인슈타인은 뉴턴의 몇몇 가설을 그리 좋아하지는 않았다. 아인슈타인의 새로운 발견들은 모두 기존 학설에 대한 근본적인 불신에서 비롯됐다. 그는 중력과 관성의 조화가 자연에서 발생한 하나의 우연일 뿐이라는 것에 의구심을 가졌다.

그는 중력이 순간적으로 아주 먼 거리까지 미칠 수 있는 '힘'이라는 생각도 받아들이지 않았다. 지구가 우주 공간 깊숙이 영향을 미칠 수 있고, 놀랍게도 어떤 물체가 지닌 관성저항과 동일한 힘으로 그 물체를 지구쪽으로 끌어당길 수 있다는 생각은 아인슈타인에게 있어서는 불가능한 일로 보였다. 그리하여 그는 자신의 반론에서 새로운 중력이론을 이끌어냈는데, 그것은 뉴턴의 고전법칙보다 더 정확히 자연을 그려내고 있다.

11 / 일반상대성이론의 핵심: 중력과 관성의 등가원리

> 아인슈타인은 중력장 안에서의 물체의 행동을 '끌어당기는 힘'이 아니라, 물체가 따라가는 '경로'로 묘사하고 있다. 중력도 관성의 일부분이며, 항성과 행성의 운동도 본래 내재된 관성 때문에 생긴 것이다. 그들이 따라가는 경로는 공간의 구조적 성질, 좀 더 적절히 말하면 시공연속체의 구조적 특성에 의해 결정된다.

언제나 창의적인 사고방식을 전개해온 아인슈타인은 이번에도 상상력이 가미된 가상의 무대 하나를 설정한다. 그 내용은 수많은 공상가들이 어설픈 잠이 들었을 때나 불면증에 시달릴 때 보이는 환상을 상상해본 것이다. 그는 까마득히 높은 건물과 그 건물 내부의 케이블에서 떨어져 나와 자유로이 낙하하는 엘리베이터를 상상해보았다. 엘리베이터 내부에는 한 그룹의 물리학자들이 모여 자기들이 탄 엘리베이터가 곧 사고가 날 것이라는 의심을 전혀 하지 않은 채 실험에 몰두하고 있다. 그들은 주머니에서 만년필, 동전, 열쇠꾸러미 등을 꺼내 손에서 떨어뜨려 본다. 그런데 그 물건들은 떨어지지 않고 마치 공중에 떠 있는 것처럼 보인다. 엘리베이터와 그 안에 탄 사람들과 함께 뉴턴의 중력법칙에 따라 정확히 같은 속도로 낙하하고 있기 때문이다.

낙하중인 엘리베이터 안에서 무슨 일이?

그러나 엘리베이터 안에 있는 사람들은 자신의 상태를 모르기 때문에 이런 특이한 현상을 다르게 설명할 수도 있다. 그들은 이제껏 자기들이 마법처럼 지구의 중력장 밖으로 옮겨져 와서 사실상 허공에 멈춰 있다고 믿을지 모른다. 그렇게 믿을 만한 충분한 이유가 있다. 만일 그들 중 한 사람이 바닥에서 뛰어오른다면 그는 천장을 향해 그가 뛰어오른 힘에 꼭 비례하는 속도로 둥둥 떠오르게 된다. 그가 만년필이나 열쇠를 어떤 방향으로 가볍게 밀면, 이들은 엘리베이터 내부 벽에 부딪힐 때까지 계속해서 같은 속도로 움직인다. 모든 것이 분명 뉴턴의 관성법칙에 따라 정지상태 혹은 등속직선운동 상태를 계속 유지한다. 이 엘리베이터는 하나의 관성계가 이뤄진 것이다. 따라서 그 안에 있는 사람들은 자기들이 중력장에서 낙하중인지, 외부의 힘이 미치지 않는 빈 공간에 떠 있는지를 알 방법이 없다.

아인슈타인은 이제 장면을 바꿔본다. 물리학자들은 아직 엘리베이터 안에 있다. 이번에는 천체의 인력작용에서 벗어나 '실제로' 멀리 떨어진 빈 공간 안에 '있다'. 한 케이블이 엘리베이터의 지붕에 달려 있고 어떤 초자연적인 힘이 케이블을 끌어 감기 시작한다. 엘리베이터는 '위를 향해' 일정한 가속도로 움직인다. 즉 속도가 점점 빨라진다. 이번에도 엘리베이터 안의 사람들은 자기들이 어디 있는지 모르고, 또다시 그들은 자신의 상태를 알아내기 위해 실험을 한다. 이번에는 그들의 발이 바닥을 단단히 누르고 있음을 느끼게 된다. 만일 그들이 뛰어오른다면 이전처럼 천장으로 떠오르지는 않는다. 바닥이 그들 바로 밑에서 위로 올라오기 때문이다. 손에 쥔 물건을 놓는다면 물건은 '떨어지는' 것처럼 보일 것이다.

공간의 개념에는 위아래가 없다

그들이 물건을 수평방향으로 가볍게 던진다면 그 물건은 직선으로 등속운동하지 않고, 떨어지면서 바닥을 향해 포물선을 그린다. 그로 인해 창이 없는 엘리베이터가 정말로 항성 공간에 오르고 있다는 생각을 하지 못하는 물리학자들은 땅에 단단히 고정된 방 안에서 정상적인 중력의 영향을 받으며 평소와 같은 환경에 놓여 있다고 결론을 내리게 된다. 사실 그들로서는 자기들이 중력장에서 정지하고 있는지, 혹은 전혀 중력이 없는 외계공간에서 일정한 가속도로 오르고 있는지를 알 길이 없다.

그들의 방이 외계 공간에 놓여 빙빙 돌고 있는 거대한 회전목마의 가장자리에 매달여 있다면, 전과 동일한 난관에 봉착하게 된다. 그들은 회전목마의 중심으로부터 자신을 바깥쪽으로 끌어내는 이상한 힘을 느끼게 된다.

이때 방 밖에 있는 예민한 관찰자는 이 힘을 '관성'이라고 바로 알 수 있다. 또는 회전하는 물체라면 '원심력'이라고 말할지 모른다. 그러나 늘 그랬듯이 자신들의 이상한 상태를 모르는 방 안의 사람들은 또 다시 그 힘을 '중력'이라고 말할 수 있다.

그 이유는 실내가 비어 있고 아무런 장식도 없다면 어느 쪽이 바닥이고 어느 쪽이 천장인가를 분간할 수 없기 때문이다. 그들은 단지 방 안의 한쪽 벽면으로 끌어당기는 힘만 느낄 수 있으므로 따로 떨어져 있는 관찰자가 회전하는 방의 벽면이라 부르는 곳은 방 안에 있는 사람에게는 바닥일 수도 있다.

생각해보면 빈 공간에서는 위아래라는 게 없다는 것을 알게 된다. 우리가 지구에서 '아래'라고 부르는 것은 단지 중력의 방향이다. 태양 위에 서 있는 사람에게는 호주 사람과 아프리카, 아르헨티나 사람들이 남반구에서 그들의 발뒤꿈치로 매달려 있는 것처럼 보일 수 있다. 같은 맥락에서 버드 제독의 남극횡단비행은 기하학적인 허구였다. 실제로는 그가 거꾸로 지구의 밑을 비행

했기 때문이다. 따라서 방 안에서 회전목마에 매달린 사람들은 그들의 실험이 방 안에서 위로 끌려 올라가던 실험과 같은 결과를 나타냄을 알 수 있다. 그들의 발은 바닥에 밀착돼 있다. 단단한 물체는 아래로 떨어진다. 또다시 그들은 이런 현상들이 중력에서 기인한다고 말하며, 그들 자신이 중력장 내에서 정지하고 있다고 믿는다.

관성력 운동과 중력 운동은 구별 불가

아인슈타인은 이러한 상상을 통해 이론적으로 매우 중요한 결론을 이끌어냈다. 물리학자들에게 이것은 중력과 관성의 등가원리로 알려져 있다. 이 원리는 아주 간단하다. 가속, 반동, 원심력 등 관성력에 의해 생기는 운동과 중력에 의해 생기는 운동을 분별할 방법이 도무지 없다는 것이다. 이 원리의 보편 타당성은 비행기 조종사라면 누구나 인정할 것 같다. 비행기 내에서는 관성효과와 중력효과를 구별하는 것이 불가능하기 때문이다. 비행기가 급강하할 때 위로 끌리는 듯한 느낌은 빠른 속도로 달리던 중 급하게 회전할 때 느끼는 것과 똑같다. 두 경우 모두에서 'G-load(Gravity-load)'나 'G-force'로 알려진 중력가속도 현상이 기장들에게 일어난다. 이때 피가 머리에서 빠져나가듯이 아랫쪽으로 쏠리고 몸은 무겁게 좌석 깊숙이 눌린다. 눈을 가린 채 아무 계측기도 없이 비행하는 기장에게 일어나는 이같은 현상은 매우 심각하며 치명적인 문제가 될 수도 있다.

일반상대성이론의 핵심이 되는 중력과 관성의 등가원리에서 아인슈타인은 중력의 수수께끼와 절대운동의 문제에 대한 해답을 발견했다. 그 해답은 비등속운동도 결코 특별하거나 '절대적'인 게 아니라는 얘기다. 어떤 물체 하나가 공간에 유일하게 존재한다 해도 물체를 움직이게 만들면 그 운동상태가 감지되지만, 물체의 운동상태를 표시하는 비등속운동의 효과와 중력의 효과를 분별할 수가 없기 때문이다. 그러므로 회전목마의 경우에서 외부 관찰자는 관성이나 원심력 같은 '운동에 의한 당김현상'으로 보는 것을, 내부 관찰자들은 익숙한 '중력의 당김현상'으로 본다. 그래서 속도 변화나 방향의 변화로 생기는 관성의 효과는 중력장의 변화나 요동에 그 원인이 있다고 봐도 좋다. 따라서 상대성이론의 기본 전제는 어느 경우에나 유효하다고 보는 게 맞다. 상대성이론의 기본 전제란, 운동은 등속이든 비등속이든 어떤 기준계에 의해서만 판단할 수 있으며, 절대운동은 존재하지 않는다는 얘기다.

중력은 힘이 아닌 물체의 경로

'절대운동'이라는 귀찮은 용 한 마리를 베어버린 아인슈타인의 칼은 '중력'이었다. 그렇다면 중력은 도대체 무엇인가? 아인슈타인이 말하는 중력은 뉴턴의 그것과는 완전히 다른 것이다. 그것은 '힘'이 아니다. 아인슈타인에 따르면, 물체들이 서로를 '끌어당긴다'는 고정관념은 자연에 대한 잘못된 역학적 해석에서 나온 오류이다. 우주를 거대한 기계라고 본다면 그것의 다양한 부분들 상호간에 힘이 작용한다는 생각이 자연스러울 수도 있다. 그러나 실체에 대한 과학의 이해가 깊어질수록 우주는 거대한 기계가 아니라는 사실이 점점 명확해진다.

 이러한 맥락에서 아인슈타인의 중력법칙은 힘에 관

한 내용을 포함하지 않는다. 그 법칙은 중력장 내에서 물체의 행동을 '끌어당기는 힘'이 아니라 물체가 따라가는 '경로'로 묘사하고 있다. 아인슈타인에 따르면, 중력도 관성의 일부분이며 항성과 행성의 운동도 본래 내재된 관성 때문에 생긴 것이다. 그들이 따라가는 경로는 공간의 구조적 성질, 좀 더 적절히 말하면 시공연속체의 구조적 특성에 의해 결정된다.

중력장이라는 물리적 실체

이 말은 매우 추상적이고 역설적으로 들린다. 하지만 '허공 속에서 수백만km나 떨어진 물체들 간에도 서로 물리적인 힘이 작용하고 있다'는 개념만 버린다면 꽤 분명해진다. 이러한 원거리상호작용의 개념은 뉴턴 시대 이후 수많은 과학자들을 곤혹스럽게 만들었다. 한 예로 원거리상호작용이란 개념은 전기와 자기 현상을 이해하는 데에 상당한 어려움을 가져왔다. 오늘날 과학자들은 "자석은 신기하면서도 순간적인 원거리상호작용에 의해 쇳가루를 끌어당긴다"고 말하지 않는다. 그들은 오히려

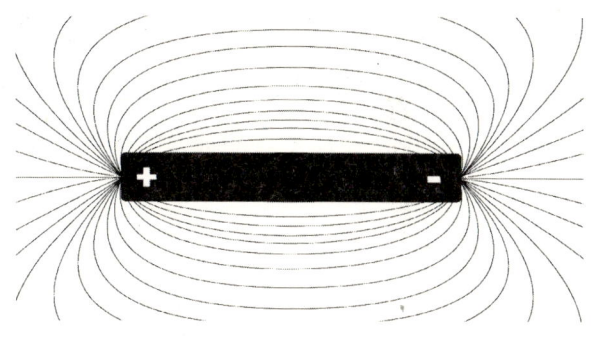

그림 8. 막대 자석의 자장

"자석은 그 주위에 자기장이라고 부르는 어떤 물리적 조건을 만든다"고 말한다. 또한 "이 자기장이 그 쇳가루에 작용해 예측 가능한 모양으로 운동하게 한다"고 현대 물리학자들은 말한다. 보통 기초과학 과정을 배우는 학생들이라면 자기장이 어떤 모양인지 정도는 다들 알고 있다. 자석 위에 빳빳한 종이를 올려두고 거기에 쇳가루를 뿌려 흔들어보면 곧 자기장의 모양이 드러나기 때문이다. 자기장이나 전기장이야말로 물리적 실체이다. 이 둘은 일정한 구조를 갖는데, 제임스 클러크 맥스웰의 장방정식이 이를 잘 설명해준다. 맥스웰은 지난 세기에 이뤄진 전기 및 전파공학 분야의 모든 발견에 길을 열어준 사람이다. 중력장 역시 전기장·자기장과 마찬가지로 하나의 물리적 실체이며, 이 구조는 알베르트 아인슈타인의 장방정식으로 정의되고 있다.

구조법칙과 운동법칙

맥스웰이나 패러데이가 '하나의 자석이 주변 공간에 어느 정도의 특성을 만든다'고 가정한 것처럼, 아인슈타인 역시 항성과 위성, 그밖의 천체들 하나하나가 그들 주변 공간의 특성을 결정한다고 결론내렸다. 자기장 내 쇳가루 한 조각의 운동이 자기장의 구조에 영향을 받는 것처럼, 중력장 내 어떤 물체의 경로도 그 장의 구조에 의해 결정된다. 중력에 관한 뉴턴과 아인슈타인 이론의 차이는 동네 놀이터에서 구슬을 갖고 노는 어린아이를 떠올리면 알 수 있다.

    놀이터 근처 10층 건물의 사무실에 있는 관찰자는 놀이터 지면의 불규칙한 모양을 볼 수 없다. 구슬이 지면의 어떤 부분은 피해 가거나 또 어떤 부분을 향해 가는 것을 보고서, 그 관찰자는 어떤 곳에서는 구슬을 밀어내고 어떤 곳에서는 구슬을 끌어들이는 힘이 작용한다고 가정할 수 있다. 그러나 바로 땅 위에서 구슬을 보고 있는 또 다른 관찰자는 구슬이 움직이는 경로가 단순히 지면의 굴곡에 따라 결정된다는 사실을 금방 알 수 있다.

이 짧은 예화에서 뉴턴은 '어떤 힘'이 작용한다고 상상하는 10층 사무실에 있는 관찰자이고, 아인슈타인은 그런 추측을 할 필요가 없는 바로 지면 위의 관찰자이다. 그러므로 아인슈타인의 중력법칙은 단지 시공연속체의 장의 특성을 설명하는 것이다. 이들 법칙은 두 가지로 나뉘는데, 한 그룹은 중력체의 질량과 그 주변 장의 구조 간의 관계를 설명해주는 '구조법칙'이라 부른다. 또다른 그룹의 법칙들은 중력장 내에서 운동하는 물체가 지나는 경로를 분석하는데, 이를 '운동법칙'이라고 부른다.

아인슈타인의 중력이론이 단지 형식적인 수학적 표현일 뿐이라고 생각해서는 안된다. 그 이론은 엄청난 중요성을 갖는 가설을 기반으로 하기 때문이다. 그중에서도 가장 뚜렷한 가설은 '우주는 독립된 물질이 독립적인

공간과 시간에 갇혀 있는 고정불변의 구조물이 아니다'
이다. 반대로 이 우주는 고정된 형태가 없고 위치 변화가
가능하며, 변화와 변형에 지속적으로 노출된 '무정형 연
속체'라는 이론이다. 물질과 운동이 있는 곳은 어디든지
연속체가 방해를 받는다. 바다에서 헤엄치는 고기가 그
주위의 물을 휘젓는 것같이, 항성·혜성·은하는 이들이 통
과하는 시공연속체의 구조를 뒤흔들어 놓는다.

빛에 미치는 중력의 효과 예측

아인슈타인의 중력법칙을 천문학적 문제에 적용하면 뉴
턴의 법칙에 가까운 결과를 얻는다. 만일 어떤 경우에나
결과가 서로 비슷하다면, 과학자들은 익숙한 뉴턴 법칙
을 그대로 사용하기 원할 것이고, 독창적이지만 괴상한
아인슈타인의 이론을 묵살했을지 모른다.

그러나 몇몇 새롭고 이상한 현상들이 계속 발견돼왔
고, 그중 적어도 하나의 수수께끼가 오로지 일반상대성
이론으로 해결됐다. 그 오래된 수수께끼란 수성의 괴상
한 행동에 관한 것이다. 다른 유성들처럼 일정한 타원궤

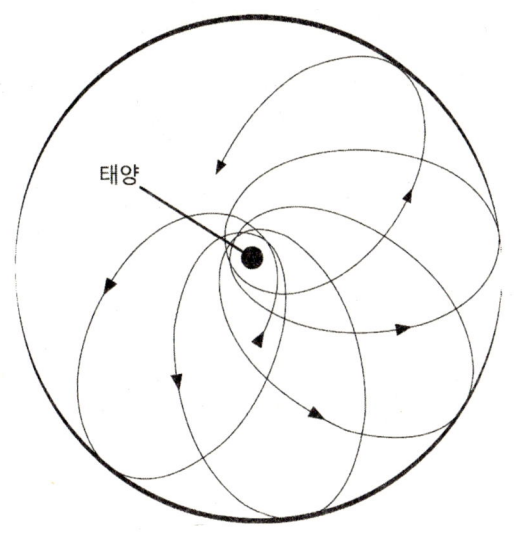

그림 9. 수성이 타원궤도로 회전하는 모양 —— 수성의 회전은 실제 100년당 43초에 해당하는 호arc만큼만 진행한다.

도를 공전하지 않고, 수성은 매년 조금씩 그러나 결코 무시할 수 없을 정도로 그 궤도를 이탈하고 있다. 천문학자들은 수성의 이런 미미한 움직임을 일으키는 모든 요인을 밝히려 했으나, 뉴턴의 이론으로는 아무런 해결점도 찾지 못했다. 수성의 궤도이탈에 관한 의문이 풀린 것은 아인슈타인이 중력법칙을 만들어낸 후부터다. 태양계의 모든 행성 중 수성은 태양에 가장 가까운 별로서 크기도 작으며 대단히 빠른 속도로 공전하고 있다. 뉴턴의 법칙 안에서 이러한 요인은 그 자체만으로는 궤도이탈을 설명할 수 없으며, 수성의 움직임은 다른 행성의 운동과 근본적으로 같을 수밖에 없었다. 그러나 아인슈타인의 법칙에서는 태양의 중력장의 세기와 수성의 엄청난 속도 때문에 차이가 생기게 되고, 수성의 타원궤도 전체가 태양 주위를 300년에 한 번 꼴로 아주 천천히, 그러나 어김없이 회전하는 것으로 나타났다. 이 계산은 수성의 진행경로를 실제로 측정한 것과 완벽히 일치한다.

이처럼 아인슈타인의 수학은 빠른 속도와 강한 중력장을 다루는 데 있어서는 뉴턴의 수학보다 더욱 정확했다. 그리고 이 오래된 문제를 해결한 것보다 더 중요한 아인슈타인의 성과는 그 어떤 과학자도 기존에 생각지 못했던 새롭고 위대한 현상, 즉 '빛에 미치는 중력의 효과'를 예측했다는 사실이다.

아인슈타인에 따르면
물체들이 서로 '끌어당긴다'는 뉴턴식
고정관념은 자연에 대한 잘못된 역학적
해석에서 나온 오류이다.

12 / 일반상대성이론:
빛에 미치는 중력의 효과

> 빛도 에너지의 일종이므로 질량을 갖는다. 따라서 중력장의 영향을 받을 것이라고 추론할 수 있고, 빛줄기의 휘는 정도도 짐작할 수 있다. 이렇듯 순전히 이론적 고찰을 통해 아인슈타인은 빛도 다른 물체와 같이 무게가 큰 중력장을 지날 때에는 곡선으로 진행한다는 결론을 얻었다.

아인슈타인은 일련의 사색을 통해 '빛에 미치는 중력의 효과'를 예측해냈다. 그 논리 전개는 또다른 상상으로 시작된다. 이전처럼 그 가상의 장면은 어떤 중력장으로부터 멀리 떨어진 허공 속을 동일한 속도로 올라가는 한 엘리베이터 안에서 펼쳐진다. 이번에는 우주를 배회하는 한 총잡이가 충동적으로 엘리베이터에 총알을 발사한다. 총알은 승강기의 옆면을 뚫고 지나가 맞은 편 벽을 관통해 나오는데, 첫 번째 벽을 뚫고 들어간 위치보다도 약간 아래 쪽으로 나오게 된다. 밖에서 총을 쏜 총잡이는 그 이유를 분명히 알 수 있다. 그는 총알이 뉴턴의 관성법칙에 따라 직선으로 날아간 것을 알고 있기 때문이다.

그러나 총알이 엘리베이터의 두 벽을 지날 때, 승강기는 위로 이동하므로 두 번째 총알 구멍은 첫 번째 구멍보다 약간 아래쪽에 생긴다. 그러나 승강기 안에 있는 관찰자는 어떤 일이 벌어지는지 전혀 모르므로 이 상황을 달리 해석한다. 지구에서는 날아가는 물체가 지면을 향해 포물선을 그리며 떨어진다는 것을 알기 때문에, 자신이 중력장에서 정지해 있다고 생각하는 내부 관찰자는 승강기를 뚫고 지나가는 총알이 아주 정상적인 커브를 그리며 지나갔다고 결론내린다.

잠시 후 계속 상승중이던 승강기의 옆쪽 구멍을 통해 한 줄기 빛이 들이비친다. 그 빛의 속도는 무척 빨라서 한쪽 벽을 뚫고 반대편 벽까지 눈깜짝할 사이에 통과한다. 그 짧은 동안에도 승강기는 어느 정도 위로 올라가고, 그로 인해 빛줄기는 들어온 지점보다 살짝 아래쪽을 향해 반대편 벽의 한 지점에 꽂힌다. 엘리베이터 내부의 관찰자가 아주 정밀한 측정도구를 갖고 있다면, 벽과 벽 사이 거리를 커브 모양을 따라 아래로 휘면서 진행하는 빛의 곡률을 알아낼 수 있을 것이다. 그러나 그게 가능하다 해도 문제는 승강기 내부의 관찰자가 그것을 '어떻게' 설명하느냐이다.

질량을 갖고 중력장의 영향을 받는 빛

내부 관찰자는 승강기가 움직인다는 것을 아직도 모른다. 자신이 중력장에서 정지한 상태라고 믿고 있다. 만약 그가 뉴턴의 원리를 고수한다면 빛은 항상 직선으로 진행한다고 주장할 것이므로 위의 상황을 도무지 설명할 수 없다. 그러나 특수상대성이론에 익숙하다면, 에너지는 $m=E/c^2$라는 식에 따라 질량을 갖는다는 것을 기억해낼 수 있다. 빛도 에너지의 일종이므로 질량을 갖는다. 따라서 중력장의 영향을 받을 것이라고 추론할 수 있고 빛줄기의 휘는 정도, 즉 곡률도 짐작할 수 있다.

이렇듯 아인슈타인은 순전히 이론적 고찰을 통해 빛도 다른 물체와 같이 무게가 큰 중력장을 지날 때에는 곡선으로 진행한다는 결론을 내렸다. 그는 태양의 중력장에서 별빛의 경로를 관측해보면 자기의 이론이 얼마나 잘 맞는지 확인할 수 있다고 말했다. 별들은 낮에 보이지 않기 때문에 태양과 별을 함께 볼 수 있는 경우는 오직 일식이 일어날 때뿐이다. 따라서 아인슈타인은 일식이 진행되는 동안 태양의 어두운 경계면에 위치한 별의 모습을 사진으로 찍은 후, 태양이 없는 밤에 찍은 별들의 사진과 비교할 것을 제안했다.

'아인슈타인 효과'와 중력파

아인슈타인의 이론을 따르면 태양 주위에 있는 별들로부터 오는 빛은 태양의 중력장을 지날 때 태양을 향해 안쪽으로 휘어져야 이치에 맞다. 그래서 지구에 있는 관측자에게는 그러한 별들의 '이미지'가 평상시 위치보다 바깥쪽으로 이동한 것처럼 보인다. 아인슈타인은 관측될

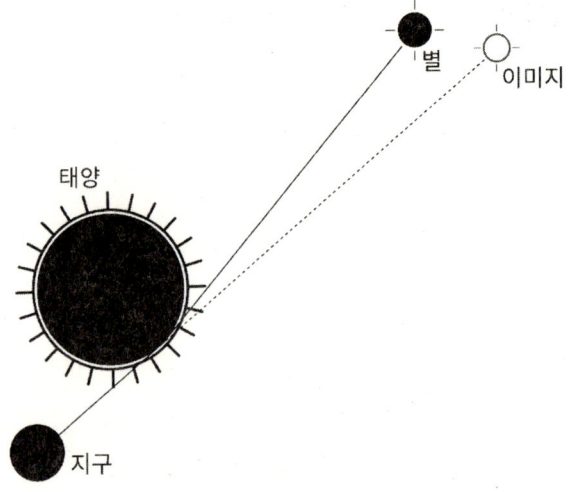

그림 10. 태양의 중력장 내에서 일어나는 별빛의 회절(중력렌즈 현상)
—— 태양 가장자리에 근접해 있는 별에서 나온 빛은 태양을 향해 안쪽으로 휘어지므로 태양의 중력장을 통과할 때 지구의 관측자들에게 보이는 별의 이미지는 태양에서 좀 더 벗어난 바깥쪽에 나타난다.

편차를 계산했고, 태양에 가장 가까운 별들의 편차는 약 1.75초가 될 것이라고 예측했다. 그가 이 실험에다 일반상대성이론 전체를 내건 만큼, 전 세계 과학자들은 1919년 5월 29일에 일어난 일식을 촬영하기 위해 적도 지방으로 떠난 원정대들의 결과를 초조하게 기다렸다. 사진을 현상하고 검사한 결과, 태양 중력장에 의한 별빛의 회절 편차가 1.64초라는 것을 알게 됐다. 이 수치는 측정기구가 정밀할수록 아인슈타인의 예언에 근접했다.

일반상대성이론을 기초로 아인슈타인이 내놓은 또 하나의 예측은 시간에 관한 내용이었다. 공간의 성질이 중력장에 의해 어떻게 영향을 받는가를 제시한 후, 비슷하지만 좀 더 가까운 추론으로 시간의 간격도 중력장에 따라 달라진다는 결론에 도달했다. 태양으로 옮겨 놓은 시계는 지구에서보다 약간 느린 리듬으로 움직인다. 그리고 '태양의 방사성 원자'는 지구에 있는 동일한 방사성 원자보다 약간 낮은 진동수의 빛을 방출한다. 이 경우 파장의 차이는 측정하기 어려울 만큼 작다. 그러나 우주 안에는 태양의 중력장보다 훨씬 강한 중력장이 얼마든지 있다.

태양보다 강한 중력장의 하나로 시리우스별의 짝별로 알려진 괴짜별이 있다. 2.54cm^3 크기에 지구무게로 따져 1톤이나 될 만큼 엄청난 밀도를 지닌 백색 왜성(중력파를 방출하는 계의 대표적인 예 _옮긴이)이다. 이 특이한 난장

이별은 비록 지구 크기의 3배밖에 안되지만 질량이 워낙 커서 자기보다 70배나 큰 짝별 시리우스의 운동을 교란시키기에 충분한 중력장을 갖고 있다.

또한 그 중력장은 자신의 복사선 진동수를 측정 가능할 정도로 충분히 낮출 수도 있다. 분광기로 관측한 결과, 실제로 시리우스별의 짝별이 방출하는 빛의 진동수가 아인슈타인이 예측한 값만큼 정확히 줄어든다는 사실이 밝혀졌다. 이 별의 스펙트럼에 나타난 파장의 변화는 천문학자들에게 '아인슈타인 효과'로 알려져 있다. 이는 일반상대성이론을 확증해주는 또 하나의 사례다.

13 / 일반상대성이론으로 비춰 본 우주의 모습

> 아인슈타인의 우주는 비유클리드적이며 유한하다. 언제나 앞을 향해 똑바로 기어가는 지렁이에게 지구는 평평하고 끝이 없는 것처럼 보이듯이, 지구 안에 있는 사람에게는 빛이 직선으로 무한히 뻗어가는 것처럼 보일 수 있다. 그러나 지구에 대한 지렁이의 느낌처럼, 우주가 유클리드적이라는 인간의 느낌은 지각의 한계 때문에 생긴 것이다.

12장까지 일반상대성이론의 개념을 통해 개별 물체에 대한 중력장 현상을 알아봤다. 그러나 우주는 셀 수 없이 많은 물체들, 유성·달·혜성·성운 등 수많은 별들로 가득차 있다. 이들은 중력장의 연동에 의해 차례로 별무리, 별구름, 은하, 초은하계를 이룬다. 그렇다면 자연스레 다음과 같은 질문을 하게 된다. "그 수천억 개의 별들이 떠다니는 시공연속체의 전체 구조는 무엇일까?" 좀 더 쉽게 말하면 "우주는 어떻게 생겼으며 얼마나 큰 것일까?" 하는 물음이다. 이러한 질문에 대해 현재까지 나온 모든 대답은 일반상대성이론에 직간접적으로 기초하고 있다.

공간이라는 무한 바다를 떠도는 섬우주

아인슈타인 이전에는 우주를 '공간이라는 무한한 바다 중심에 떠 있는 물질의 섬'으로 표현하는 게 흔한 일이었다. 이렇게 생각한 데에는 몇 가지 이유가 있다. 대부분의 과학자들이 인정한 것처럼 우주는 무한하다고 볼 수밖에 없었다. "우주 공간이 어디에선가 끝이 난다고 하면 그 너머에는 무엇이 있나?" 하는 질문에 답을 할 수 없었기 때문이다. 그러나 뉴턴 계열의 법칙은 물질이 고르게 분포된 무한한 우주에는 적용되지 않았다. 이렇게 무한대로 뻗어나간 공간에 존재하는 물질의 총질량이 갖는 중력의 합은 무한대가 되기 때문이다.

    게다가 제한적인 인간의 눈으로 볼 때, 우리 은하계

를 넘어서면 우주의 물체들은 점점 흩어져 결국 끝 모르는 허공의 가장자리에 서 있는 희미한 등대가 돼버린다. 즉 인지의 범위를 벗어나 그런 것이 존재하는지조차도 모르게 된다. 그러나 이렇게 생겨난 '섬우주' 개념도 문제가 있긴 마찬가지였다. 섬우주가 갖고 있는 물질의 양은 무한한 공간에 비하면 지극히 적다. 따라서 무한공간에서 은하의 운동을 지배하는 역학 법칙들에 의해 섬우주는 구름에서 생긴 물방울처럼 흩어지게 된다. 그렇게 되면 결국 우주는 완전히 텅 빈 상태가 돼버릴 것이다.

인간에겐 당연해도 확인되지 않은 주장

아인슈타인은 이처럼 섬우주라는 개념에 내포된 '해체되고 소멸한다'는 구상에 대해서도 불만족스러워했다. 그는 이런 생각이 나오게 된 근본적인 문제는 '우주의 구조가 지구인의 감각을 통해 인식한 것과 똑같은 구조라는, 즉 인간에겐 자연스럽지만 확인되지 않은 주장을 받아들인 사람들 때문'이라고 했다. 예를 들면, 우리는 평행한 두 빛이 서로 만나지 않고 영원히 우주공간을 뚫고 지나갈 것이라고 '확신하며' 가정을 한다. 기존의 유클리드 기하학에 따르면 무한 평면 위에서는 평행선들이 결코 만나지 않기 때문이다. 한편 지구상의 테니스 코트에서 두 점 사이의 가장 짧은 거리는 직선이고, 지구 밖 외계공간에서도 그렇다고 우리는 확신한다. 그러나 유클리드는 단지 '직선이 두 점 사이의 최단 거리'라고 정의만 내렸을 뿐 실제로 그것을 '증명'하지는 않았다.

이와 관련해 아인슈타인은 다음과 같이 생각했다. '인간이 유클리드 기하학을 통해 우주를 묘사하려 할 때, 인간 지각능력의 한계 때문에 스스로 속지는 않았는가. 한 예로, 지구가 평평하다고 생각하던 때가 있었다. 지금은 지구가 둥글다는 사실을 누구나 알고 있다. 둥근 지구 표면을 따라 비슷한 위도에 있는 뉴욕과 런던 사이를 이동할 때 최단거리는 대서양을 가로지르는 직선 코스가 아니라 노바 스코샤와 뉴펀들랜드, 아일랜드를 거쳐 북쪽으로 향하는 대원(Great Circle, 원의 중심이 지구중심과 일치하고 두 지점이 원주상에 위치 _옮긴이)을 따라 가는 경로라는 것을 알고 있다.

지구 표면과 연관지어보면 유클리드 기하학은 타당성이 없다. 지구의 곡면을 따라 커다란 삼각형을 그려보자. 지구 표면에서 적도 위의 두 점으로부터 북극을 꼭지점으로 그린 커다란 삼각형은 내각의 합이 180도라는 유클리드의 정리를 만족시키지 않는다. 이는 평면 위 삼각형에만 적용되는 것이다. 지구본을 얼핏 들여다보면 그 삼각형의 내각의 합은 180도 이상이 된다는 것을 쉽게 알 수 있다. 누군가가 곡면인 지표면에서 거대한 원을 그린다면 그 지름과 둘레의 비율, 곧 원주율(π)은 더 작다는 것을 발견하게 된다. 이러한 차이점이 생긴 원인은 지구의 곡률 때문이다(곡률이 심하면 π보다 작아지고, 표면이 더 평평하면 지면의 원주율은 π에 가까워진다 _옮긴이).

지구의 곡률, 유클리드를 비웃다

오늘날은 아무도 지구의 곡률을 의심하지 않는다. 이는 인간이 지구 밖으로 나가 지구의 곡면을 눈으로 확인했기 때문이 아니다. 쉽게 관측 가능한 사실을 수학적으로 적절히 해석함으로써 땅 위에서도 지구의 곡률을 계산

그림 11. 지구의 곡률

할 수 있게 됐기 때문이다. 같은 방법으로 아인슈타인은 천문학적 사실과 그것에서 추론한 것을 종합해, 우주가 모든 과학자들의 생각처럼 무한하지도 않고, 유클리드 기하학의 세계도 아니며, 오히려 우주는 지금껏 상상하지 못했던 그 어떤 것이라고 결론 내렸다.

중력장에서는 유클리드 기하학이 맞지 않는다는 사실은 이미 확인된 바이다. 빛은 중력장을 통과할 때 직선을 따라 움직이지 않는다. 중력장의 구조상 그 안에는 직선들이 없기 때문이다. 빛이 움직인 최단거리는 중력장의 구조에 의해 엄격히 결정되는 곡선, 중력장 대원이다. 중력장의 구조는 별, 달, 행성 등 중력체의 질량과 속도에 의해 형성된다. 따라서 우주의 총체적인 구조는 그 구성 물질의 총합으로써 이뤄진다는 결론에 이른다. 우주 내 각 물질의 농도에 따라 그에 해당하는 시공연속체의 뒤틀림이 발생한다. 개별 천체와 은하는 바다 가운데 있는 섬 주위에 물결의 소용돌이가 생기듯이 자기가 속한 시공간에 부분적으로 불규칙한 상태를 만들어낸다.

물질의 농도가 높으면 높을수록 시공간의 곡률(불규칙성)은 더욱 커진다. 따라서 총체적인 결과는 모든 시공연속체의 전체 곡률이 되는 것이다. 우주 내 수많은 물질에 의해 무수한 뒤틀림이 생기고 다시 이들이 결합한 최종 뒤틀림은 연속체를 거대한 우주곡선(great cosmic curve, 우주대원)을 따라 휘게 한다. 그러므로 아인슈타인의 우주는 비유클리드적이며 유한하다. 언제나 앞을 향해 똑바로 기어가는 지렁이에게 지구는 평평하고 끝이 없는 것처럼 보이듯이 지구 안에 있는 사람에게는 빛이 직선으로 무한히 뻗어가는 것처럼 보일 수 있다.

그러나 지구에 대한 지렁이의 느낌처럼 우주가 유클리드적이라는 인간의 느낌은 지각의 한계 때문에 생긴 것이다. 아인슈타인의 우주에는 직선이 없으며, 단지 거대한 원(대원)들만 존재한다. 공간은 그 크기가 유한하지만, 경계가 정해져 있거나 어딘가에 한정돼 있지는 않다. 수학자는 우주의 기하학적인 특성을 공모양의 구표면과 비슷한 4차원 물체로 묘사하기도 한다.

유한하지만 경계가 없는 우주

영국의 물리학자인 제임스 진스는 조금 덜 추상적인 말로 상대성이론에 제시된 새로운 우주를 다음과 같이 표현했다. "간단하고 익숙한 예로, 표면에 물결 주름이 있는 비누방울은 상대성이론이 말하는 새로운 우주를 가장 적절히 표현하고 있다. 우주는 비누방울 내부가 아니라 표면인데, 비누방울 표면이 뒤틀리며 모양이 바뀌는 현상 자체가 바로 우주를 말해준다. 비누방울의 표면이 단지 2차원인 반면, 우주라는 방울은 4차원, 즉 3개의 공간차원과 1개의 시간차원을 갖고 있다는 것을 기억해야 한다. 즉 시간에 따라 표면의 모양과 면적이 변한다. 그러면 현재는 표면이 주름진 비누방울이지만 그 방울이 생길 때의 실체를 알 수 있겠는가. 그것은 아무 것도 없는 빈 공간에 시간이 멈춘 상태에 있던 비누막이다. 이 비누막이 시간이 지나면서 표면이 주름진 비누방울이 된 것이다."

구성물질에 의해 결정되는 곡률

현대과학 대부분의 개념이 그렇듯이 아인슈타인이 말한 유한한 공모양의 우주는 시각적으로 표현할 수 없다. 그것은 마치 광자나 전자가 눈에 보이지 않는 것과 같다. 그러나 광자와 전자의 경우처럼 우주의 특성을 수학적으로 나타낼 수는 있다. 현대 물리학의 가장 적절한 값을 취해 아인슈타인의 장방정식에 적용하면 우주의 크기를 계산할 수 있다. 그러나 그 반경을 측정하기 위해서는 우선 곡률부터 조사해야만 한다. 아인슈타인이 증명한 것처럼 공간의 구조, 즉 곡률은 그 구성물질에 의해 결정된다. 따라서 우주의 문제는 우주 내에 있는 물질의 평균밀

도값을 얻음으로써 해결할 수 있다.

다행히도 윌슨천문대 소속 천문학자 에드윈 허블이 천체에서 표본 지역을 꾸준히 연구해, 그 구역에 포함된 평균질량을 계산해냄으로써 그 해답을 얻을 수 있게 됐다. 그가 내린 결론은 우주 전체적으로 매 $1cm^3$ 속에 0.000000000000000000000000001g이 들어 있다는 것이다. 이 수치를 아인슈타인의 장방정식에 적용하면 우주의 곡률은 플러스값을 가지며, 우주의 반경은 350억 광년, 다시 말해 340,000,000,000,000,000,000,000km라는 값이 나온다.

아인슈타인이 말한 우주는 비록 무한하지는 않지만, 수십억 개의 은하를 아우를 정도로 거대하다. 또한 각각의 은하는 수억 개의 빛나는 별들과 셀 수 없을 정도로 막대한 양의 희귀가스, 돌, 철, 우주의 먼지로 이뤄진 차가운 집합체를 포함한다. 초속 30만km로 우주공간을 출발한 햇빛은 우주대원을 그리며, 지구 시간으로 2000억 년이 조금 더 걸려서야 다시 제자리로 돌아오게 된다.

14 / 여전히 풀지 못한 우주의 기원

> 우주의 기원은 무한한 과거의 창조시점으로 되돌아간다. 이론가들이 은하·항성·성진·원자와 원자 성분의 생성에 이르기까지 이 모든 것을 수학적으로 완벽히 설명할 수 있더라도, 결국엔 어떤 것이 있기 전에 또다른 '어떤 것'이 이미 존재했다는 '선험적 가설'로 귀착되기 때문이다.

아인슈타인은 자신이 우주론을 전개해나갈 당시만 해도 몇 년 못가서 밝혀진 기이한 천문학적 현상에 대해 알지 못했다. 그는 별들과 은하들의 움직임은 마치 방향을 잃고 떠도는 기체분자럼 일정치 않다고 가정했었다. 별들과 은하들이 떠도는 것에는 어떤 통일성이 있다는 증거가 없었기 때문에 아인슈타인은 그러한 움직임을 완전히 무시하고 우주를 정지된 것으로 간주했다. 그러나 천문학자들은 관측의 한계점인 극단에 위치한 외곽 은하들 가운데에서 조직적인 운동의 흔적을 찾아내기 시작했다.

헝겊 붙인 풍선처럼 팽창하는 우주

외곽에 동떨어져 있는 이 모든 은하들, 즉 '섬우주'들은 분명히 우리 태양계로부터 멀어지며, 그들끼리도 서로 멀어지고 있다. 멀리 떨어진 은하의 조직적인 비행(그들 중 가장 먼 것은 5억 광년 떨어진)은 가까이 있는 중력계의 느린 회전 운동과는 전혀 다르다. 왜냐하면 그런 조직적인 운동은 전체적인 우주곡률에 영향을 미치기 때문이다. 따라서 우주는 정지상태가 아니라, 비누방울 혹은 풍선이 부푸는 것과 비슷한 방법으로 팽창하고 있다. 이 비유가 꼭 정확하다는 것은 아니다. 만일 우주를 점이 찍힌 하나의 풍선으로 간주한다면, 물질을 표시하는 이 점들까지 함께 팽창한다고 여기기 때문이다.

그러나 사실은 그렇지가 않다. 그렇게 된다면 '이상한 나라의 앨리스'에서 주변의 모든 것들이 자기와 함께 커지거나 작아졌을 때 본인의 키가 갑자기 변한 것을 느낄 수 없었던 것처럼, 우리도 그 팽창을 결코 인식할 수 없기 때문이다. 그래서 캘리포니아 공과대학의 우주학자 H. P. 로버트슨이 지적한 것처럼, 우주를 점이 찍힌 풍선으로 가정한다면 그 점들은 풍선 표면에 꿰매어 고정시킨 헝겊 조각과 같아서 풍선과 함께 늘어나지 않는다.

즉 물체의 크기는 변하지 않고 유지되는 반면, 그 사이의 공간만이 헝겊 조각들 사이에 있는 풍선의 표면처럼 늘어난다. 이처럼 특이한 현상은 우주학을 무척 복잡하게 만든다. 대부분의 천문학자들이 믿고 있듯이 만약 이러한 외곽 은하들이 이탈한다는 분광학적 해석이 옳다고 해도 그때 은하들이 심연 깊숙이 사라지는 속도는 믿기 어려울 정도다. 그들의 속도는 거리에 따라 빨라지는 것처럼 보인다. 약 100만 광년 떨어진 가까운 은하들의 비행은 초속 160km에 불과하지만, 2억 5000만 광년이나 떨어진 머나먼 은하들은 거의 광속의 1/7인 초속 4

만km라는 놀라운 속도로 날아간다.

이 모든 외곽의 은하들이 예외 없이 우리들로부터 멀어지고, 서로 간에도 멀어지기에 까마득한 과거 어느 시점에는 그들 모두가 한 개의 불타는 초기물질로 뭉쳐 있었다고 결론 내릴 수 있다. 그리고 만일 공간의 구조가 그 내용 물질에 의해 결정된다면 은하 이전의 상태였던 이 우주는 비좁은 공간에 뭔가 빽빽이 가득 찬 구조였다. 지나치게 휜 상태에다 상상할 수 없는 밀도를 가진 물질로 가득 차 있어야만 한다. 멀어져가는 은하의 속도를 근거로 계산해보면 그것은 약 50억 년 전에, 앞서 말한 한 덩어리로 뭉쳐 있던 초기 우주의 중심에서 떨어져 나와 비행을 시작했음이 틀림없다.

태초의 우주 대폭발

이처럼 팽창하는 우주의 수수께끼를 설명하기 위해 천문학자와 우주론자들은 몇 가지 이론을 제시했다. 벨기에의 우주학자 르메트르가 제안한 학설은 우주는 한 개의 거대한 원시 원자로부터 기원했고, 이 원자가 폭발해

지금도 감지할 수 있는 팽창을 가져왔다고 주장한다. 조지워싱턴대학교 조지 가모프 박사가 발표한 비슷한 학설은 우주 팽창 전에 빽빽하고 화염에 쌓인 우주의 핵 속에 구성원소들이 어떻게 만들어졌는가를 아주 상세하게 재구성해주고 있다. 가모프 박사는 "태초에 우주 핵은 현재 어떤 별의 내부에서도 찾아볼 수 없는 엄청난 고온에서 끓고 있는, 균일한 성분의 원시 증기 불구덩이였다"고 말한다.

다른 별들에 비하면 보통 별에 속하는 태양의 표면 온도는 섭씨 5500도이고 내부 온도는 섭씨 4000만 도에 달한다. 그런 고온에서는 어떤 원소도 분자나 원자 상태로 존재하지 못하며, 무질서하게 요동치는 자유중성자와 원자구성 입자들만이 있을 뿐이다. 그러나 거대한 우주 덩어리가 팽창하기 시작했을 때 온도는 내려가기 시작했다. 약 섭씨 10억 도까지 떨어졌을 때에는 양성자들과 중성자들이 덩어리로 뭉쳤고, 전자가 방출돼 핵에 달라붙음으로써 원자가 형성됐다. 우주의 모든 원소들은 이렇듯 우주의 탄생 무렵, 몇몇 결정적 순간이 일어난 공간에서 창조되었다. 그들의 역할은 50억 년 동안 계속해서 일어난 팽창을 지속시키는 것이었다.

캘리포니아 공과대학의 R. C. 톨먼 박사가 수년 전에 발표한 우주팽창에 관한 초기 이론을 따르면, 우주의 팽창은 일시적인 상태일지 모르며, 아주 먼 미래의 어느 시점에는 수축시기가 올 것이라고 한다. 이런 상상 속의 우주는 마치 박동하는 풍선처럼 팽창과 수축의 주기를 영원히 반복한다. 그 주기는 우주 내 물질량 변화에 지배를 받는다. 아인슈타인이 증명한 것처럼 우주의 곡률은 그 내용물에 의존하기 때문이다.

최대 엔트로피 상태를 향하는 우주

그러나 이 이론의 난점은 우주 안 어느 곳에서는 물질이 형성되고 있다는 가설에 기초한다는 것이다. 비록 우주의 물질량이 계속 변한다는 것은 사실이지만 그 변화는 모두 한 방향, 즉 소멸되는 방향으로 일어난다. 자연의 모든 현상은 보이든 보이지 않든, 원자 내부에서나 외계 공간에서나 모두 우주의 물질과 에너지가 무궁무진한

허공을 통해 증기처럼 확산되고 있음을 알려준다. 태양은 느리지만 어김없이 불타서 사라지고 있다. 별들은 꺼져가는 불씨이며, 우주 어디서든지 열은 차갑게 식고 물질은 방사선 형태로 소멸되며, 에너지는 허공 속으로 흩어져 사라진다.

우주는 이처럼 '열사heat-death' 상태, 즉 기술적으로 정의된 '최대 엔트로피' 상태를 향해 진행하고 있다. 지금으로부터 수십억 년 후에 우주가 이 상태에 도달하면, 모든 자연의 진행은 멈추게 된다. 모든 공간은 동일한 온도가 되고, 모든 에너지는 우주를 통해 고르게 분포되기 때문에, 어떤 에너지도 이용할 수 없다. 빛도 생명도 온기도 사라지며, 영원히 벗어날 수 없는 정체상태만 존재할 뿐이다. 시간 자체도 종말에 이르게 된다. 엔트로피는 시간의 방향을 가리키기 때문이다. 엔트로피는 무질서와 혼란의 척도다. 우주 안 모든 조직과 질서가 사라지고, 혼란이 최고조에 달해 엔트로피가 더 이상 증가할 수 없고, 원인과 결과도 존재하지 않을 때, 곧 우주가 멈춘 후에는 시간의 방향도 시간 자체도 없으며, 이러한 운명을 피할 길도 없게 된다. 과학의 진보에도 여전히 남아 고전 물리학의 기둥으로 건재하는 매우 중대한 법칙인 열역학 제2법칙에 따라 자연의 기본적인 진행은 비가역적이기 때문이다. 자연현상은 언제나 한 방향으로만 진행한다는 말이다.

영원히 반복되는 우주의 생명주기

그러나 빈약한 인간의 지식을 뛰어넘는 곳에서 어떤 방법으로든 우주는 자신을 다시 재건하고 있을지도 모른다고 말하는 동시대 이론가들도 있다. 아인슈타인의 '질량 에너지 등가원리'에 따르면, 공간에 분산된 방사선이 한 번 더 물질 입자(양성자, 중성자, 전자)로 응고된 후 이들이 엉키고 합쳐져 더 큰 단위를 이룰 수도 있다. 그들 자체는 중력의 영향을 받아 모인 후 넓게 퍼진 가스구름이나 별들, 궁극적으로는 은하계가 될 수도 있다. 이같은 우주의 생명주기는 영원히 반복될지도 모른다. 감마선 같은 고에너지 방사선의 광자는 어떤 조건에서는 물질과 상호작용해 한 쌍의 전자와 양전자로 변환된다는 것이 실험으로 실제 증명되었다.

증명하지 못한 '맥동하는 우주'

천문학자들은 우주공간에 떠다니는 가벼운 원소의 원자들인 수소, 헬륨, 산소, 질소, 탄소 같은 것들이 천천히 서로 응집해 분자가 되거나 현미경으로 보일 정도로 아주 작은 먼지나 가스가 될 수 있다고 결론 내렸다. 게다가 하버드대학교의 프레드 L. 위플 박사는 1948년 발간한 그의 진운가설Dust Cloud Hypothesis에서, 우주공간 내에서 눈에 보이는 모든 물질과 같은 질량을 갖고 별과 별 사이를 떠다니는 저밀도 우주 먼지가 수십억 년 동안 어떻게 응결해 항성이 될 수 있는지를 설명했다. 위플에 따르면 태양광자의 충격으로 혜성의 섬세한 꼬리가 태양에서 먼 쪽으로 향하는 것처럼, 이들 작은 입자들(직경 5만분의 1인치)은 별빛의 미세한 압력에 의해 한 곳으로 휩쓸려 나간다고 한다. 입자들은 엉켜서 밀집체가 되고, 조각구름에서 다시 구름으로 된다. 이 구름의 직경이 약 9.6조km라는 거대한 크기에 도달하면 그 질량과 밀도는 새로운 물리적 과정을 일으키기에 충분하다.

중력으로 인해 그 구름은 수축하며, 그로 인해 내부 압력과 온도가 상승하게 된다. 결국 붕괴의 마지막 단계인 백열방사단계에서 다시 하나의 별이 돼 빛을 발하기 시작한다. 이 이론에 따르면 우리 태양계도 어떤 특별한 상황에서는 위와 같은 과정을 거쳐 진화했을 수도 있다.

태양은 위에서 말한 별과 같으며, 기타 유성들은 큰 구름 안에서 빙빙 돌던 조각구름으로부터 응결된, 빛을 발하지 못하는 작은 부산물이라고 한다. 이같은 가능성을 전제로 하면, 우리는 끝없이 무한한 시간을 통해 생성과 소멸, 빛과 어둠, 질서와 무질서, 열과 냉, 팽창과 수축의 주기를 거듭하며 '스스로 맥동하는 우주'라는 개념에 도달한다. 그러나 이러한 구상은 아직 그것을 뒷받침할 확실한 증거를 발견하지 못해 널리 인정받지는 못했다. 어느날 지구의 푸른 하늘에 떠 있는 흰 뭉게구름이 내일 천둥과 폭풍을 일으킬지, 혹은 단순히 바람에 흩어져 사라지는 허망한 안개인지는 확언할 수 없다. 더군다나 온갖 종류의 크기와 밀도를 가진 먼지구름을 별들 사이 공간에서 볼 수 있지만, 인간의 근시안적 견해로는 누구도 먼지구름이 원시별proto-stars이 될 거라고 말하지는 못한다.

암흑과 붕괴를 향하는 우주

그러나 태양계나 개별 항성 혹은 우리가 사는 자연계의 구성요소에 관한 기원을 생각하지 않으면, 우주는 아직도 전체적으로 성장하고 있다는 어떤 제안도 실험적·이론적인 난점에 부딪히게 된다. 생명이 없는 자연계에서는 그 어떤 것도 순수한 창조 과정이라고 확실하게 단정할 수는 없다. 예를 들면, 한때는 외계공간으로부터 지구를 계속해서 폭격하고 있는 신비로운 우주선cosmic rays이 원자창조 과정에서 나온 부산물이라고 생각됐다. 그러나 오히려 원자소멸의 부산물이라는 반대 의견이 더욱 지지를 얻고 있다. 자연에서 볼 수 있는 것이든 이론으로 정립된 것이든, 모든 것은 우주가 비가역적으로 마지막 암흑과 붕괴를 향해 가는 것으로 밝혀졌다.

이러한 견해에 대해서는 중요한 철학적 추론이 가

능하다. 만일 우주가 파괴돼 가고 자연의 과정이 반드시 한 방향으로만 진행된다면, 모든 것에는 '기원'이 있었으리라는 것은 당연한 추론이다. 어느 시점에 어떤 방법으로든 우주의 진화과정은 분명 시작되었고, 별은 불이 붙었으며, 광대한 우주의 모양은 드러났다. 더구나 과학적 인식의 전 영역에서 발견된 대부분의 실마리는 우주만물이 '창조'된 명확한 시점이 있음을 제시해준다.

우라늄은 자연과정으로 형성되지 않고 일정한 속도로 소멸될 뿐이라는 사실은 지구상의 모든 우라늄이 특정한 시기에만 형성됐음을 알려준다. 지구물리학자의 가장 정확한 계산을 따르면 그것이 형성된 시기는 지금부터 약 40억~50억 년 전이었다. 별들 내부에서 진행된 핵융합 과정이 물질을 방사선으로 변환시키는 템포를 보면, 천문학자는 어느 정도 별의 생존시기를 계산할 수 있다. 오늘날 하늘에 보이는 대다수 별의 평균 나이는 50억 년이라고 한다. 지구물리학자와 천체물리학자들의 계산에서 얻은 값은, 우주창조를 연구하는 학자들이 은하의 일탈 속도로부터 계산해 우주가 50억 년 전에 팽창하기 시작했다는 계산과 명확히 일치한다. 마찬가지로 다른 과학 분야에서도 똑같은 결과를 제시한 증거들이 다수 있다. 우주의 궁극적인 소멸을 보여주는 이 모든 증거는 부동의 시작 시점이 분명히 있었음을 말해준다.

영원히 팽창과 수축을 반복하는 '맥동우주'의 개념을 인정한다 해도 우주 초기 기원의 문제는 여전히 풀리지 않은 채로 남아 있다. 이러한 개념으로는 태양도 지구도 적색초거성도 비교적 최근에 등장한 것들에 불과하다. 이들의 기원은 무한한 과거의 창조시점으로 되돌아간다.

이론가들이 은하, 항성, 성진, 원자와 원자 성분의 생성에 이르기까지 이 모든 것을 수학적으로 완벽히 설명할 수 있더라도, 어떤 것이 있기 전에 또다른 '어떤 것'이 이미 존재했다는 '선험적 가설'로 결국엔 귀착되기 때문이다. 그 '어떤 것'이란 자유중성자, 에너지양자, 혹은 공허하고 불가사의한 '세상의 물질', 곧 '우주의 본질'을 말하는 것이며, 그것으로부터 다양한 모양의 우주가 계속해서 만들어졌다고 본다.

팽창과 수축을 반복하는 '맥동우주'를 인정한다 해도 우주 초기 기원의 문제는 여전히 풀리지 않은 채로 남아 있다.

15 / 자연계의 힘과 법칙을 한데 묶는 통일장이론

> 인간의 능력으로 피할 수 없는 막다른 골목은 인간이 탐구하려는 세계의 일부분이 바로 '자기 자신'이라는 점이다. 인간의 신체도, 두뇌도 별들 사이 공간을 떠도는 검은 먼 지구름의 기본입자와 똑같은 입자로 돼 있다. 결국 인간은 영원한 시간과 공간 속의 한낱 덧없는 존재에 불과하다.

우주론자들은 우주의 궁극적 기원에 관한 대부분의 질문을 철학자나 신학자의 문제로 넘기면서 침묵을 지키고 있다. 현대 과학자들 중에서도 골수 경험주의자들은 물리적 실체의 기반이 되는 그 미스터리에는 등을 돌리는 듯하다. 유물론적 과학철학을 가졌다고 종종 비평을 받던 아인슈타인도 한 때는 이렇게 말한 적이 있다.

신비에 대한 느낌, 참된 학문의 씨앗

"우리가 경험할 수 있는 가장 아름답고 심오한 감정은 신비에 대한 느낌이다. 이는 '참된 학문'의 씨를 뿌리는 사람과 같다. 그런 감정이 이상하다거나, 더 이상 경이롭지도 않고 두렵지도 않다면 그건 죽은 자나 다름없다. 우리의 둔한 감각과 부족한 능력으로는 가장 원시적인 형태만을 겨우 이해할 수 있지만, 그 자체로 최상의 지혜와 최고의 아름다움을 드러내는 신비로운 존재가 있다는 것, 그것을 알고 느끼는 지식과 감정이야말로 참된 신앙심의 핵심이다."

다른 자리에서 그는 또다시 "위대한 신앙적 체험은 과학 탐구에 있어 가장 강력하고 고상한 동기가 된다"고 말했다. 대개의 과학자들은 우주의 신비, 그 거대한 힘과 기원, 우주의 합리성과 조화에 대해 얘기할 때 신이란 말을 꺼리는 경향이 있다. 그러나 무신론자로 불리던 아인슈타인은 신에 대한 언급을 금기시하지 않았다.

그는 "나의 신앙은 우리의 불완전하고 연약한 마음으로도 인식할 수 있을 만큼 사소한 부분에까지 그 자신을 드러내는, 측량할 수 없는 최고의 존재에 대한 겸허한 감탄에서 나온다. 도저히 이해할 수 없는 이 우주에 자기를 계시하는 '최고의 능력자'가 존재한다는 것을 마음 깊은 곳에서 확신하는 것, 이것이 신에 대한 나의 생각이다"라고 말했다.

과학에 관한 한, 현재 물리적 실체에 이르는 길을 열어주는 두 개의 관문이 있다. 그중 하나는 캘리포니아 팔로마산에 있는 거대한 최신 망원경이다. 이는 한 세대 이전의 천문학자들이 꿈꿔왔던 시간과 공간의 깊은 심연으로 인간의 시야를 넓혀줄 것으로 기대된다. 지금까지 망원경으로 볼 수 있는 시야의 최대 범위는 5억 광년 밖에서 빠르게 사라지는 희미한 은하를 볼 수 있는 정도였다. 그러나 팔로마산의 200인치 반사망원경은 그 관측 범위를 두 배로 확대해 기존 한계 너머에 무엇이 있는지를 볼 수 있다. 그것은 망망대해처럼 펼쳐진 우주공간은 물론, 지구 시간으로 수십억 년이 걸려서 이제야 그 빛이 지구에 도달한 먼 거리의 무수한 은하들도 보여준다. 앞으로 이 망원경은 더 새로운 사실을 보여줄 것으로 기대된다. 물질의 밀도에 대한 변화나, 우주곡률에 대한 가시적 증거를 보여줌으로써 인간이 미미한 존재로 살고 있는 이 우주의 크기를 정확히 계산할 수 있을지도 모른다.

상대성이론과 양자론을 잇는 다리, 통일장

물리적 실체에 이르는 또다른 관문은 아인슈타인이 생애 마지막 25년간 온갖 노력을 쏟아부은 통일장이론을 통해 열릴지도 모른다. 오늘날 인간 지식의 외적 한계는 '상대성이론'으로, 내적 한계는 '양자론'으로 정의돼 있다. 상대성이론은 공간·시간·중력과 인간이 감지하기엔 너무 멀고 광대한 실체의 개념을 형성해 놓았다. 양자론은 원자, 물질과 에너지의 기본 단위, 너무나 미미해서 포착하기 힘든 실체들에 관한 개념을 정립해 놓았다. 그러나 이 두 과학 체계는 전혀 다르고, 연관성이 없는 이론적 근거에 기초하고 있다. 말하자면 이 둘은 다른 언어를 쓰고 있다. '통일장이론'의 목적은 두 이론 사이에 다리를 놓는 일이다. 자연의 조화와 일관성을 믿는 가운데 아인슈타인은 우주공간의 현상과 원자의 현상을 모두 포함하는, 단일 구조의 물리법칙을 찾고 있었다.

개선된 통일장이론이 예상치 못했던 자연의 새로운 면을 보여줄지, 얼마나 많은 과거의 신비를 풀어낼지를 예측하기는 아직 이르다. 그러나 최소한의 확실한 성과는 통일장이론이 중력법칙과 전자기법칙을 하나의 보편적인 법칙으로 통합한다는 것이다. 상대성이론이 중력의 의미를 시공연속체의 기하학적 성질로 바꿔놓은 것처럼, 통일장이론은 또다른 보편적 힘, 즉 전자기력을 동등한 가치로 바꾸어 놓을 것이다.

"서로 독립적인 두 개의 공간구조, 즉 중력 구조와 전자기적 구조가 있다는 생각은 이론가들에게는 용납되지 않는다"라고 아인슈타인은 말했다. 하지만 모든 노력에도 불구하고 그는 전자기장의 법칙을 일반상대성이론에 통합할 수는 없었다. 끝이 없는 수학적 논리를 탐구하며 33년을 보낸 후 비로소 그는 자기의 목적을 성취하기에 이르렀다. "그렇다면 아인슈타인이 전자기력과 중력이 물리적으로 '같은 것'이라는 사실을 증명했다는 말인가?"라고 질문할 수 있다. 동일한 물질의 다른 표현인 수증기, 얼음, 물을 '같은 것'이라고 말하는 게 정확하지 않은 것처럼 그러한 질문도 적합하지는 않다.

중력과 전자기력을 실체로 표현

통일장이론의 목표는 중력과 전자기력이 서로 독립돼 있지 않다는 사실, 실제로는 그 둘이 물리적으로 분리될 수 없는 관계라는 것을 증명하는 데에 있다. 좀 더 자세히 말하면, 통일장이론은 중력과 전자기력을 더 깊숙이 내재된 실체로 표현하려 한다. 이 실체 내에서 전자기장이나 중력장은 단순히 일시적인 형태 또는 상황이나 조건에 불과한 기본적이고 보편적인 장field이다.

만일 통일장이론에 내포된 완전한 의미가 장차 실험에서 확증된다면, 즉 양자역학의 법칙이 그 방정식으로 도출될 수 있다면, 물질의 구성·기본입자의 구조·방사역학 또는 원자 내부 세계의 수수께끼를 풀 수 있는 결정적인 통찰력을 반드시 얻을 수 있게 된다. 그러나 이들은 본질적으로는 부산물에 지나지 않는다. 통일장이론의 가장 위대한 철학적 승리는 이름의 첫자만 보더라도 알 수 있듯이, 물리적 세계에 대한 인간의 개념을 통일하고자 행해진 과학의 긴 여정에 논리적인 성취를 가져다준 점이다. 수세기 동안 이뤄진 발견과 이론, 연구와 추리 등의 다양한 흐름은 꾸준히 모이고 합쳐져 더 넓고 깊은 해협으로 계속해서 흘러왔다.

장족의 발전을 이룬 최초의 업적은 이 세상에 존재하는 갖가지 물질을 92종의 기본원소로 축소한 것이다. 다시 이들 원소는 몇몇 기본 입자로 간소화됐다. 동시에 이 세상에 존재하는 갖가지 힘은 전자기력의 다양한 표현 중 하나라는 것을 알게 됐다. 또 우주에 존재하는 여러 가지 복사선, 예를 들면 빛·열·엑스선·전파·감마선 등은 모두가 파장과 진동수만 다른 전자기파에 불과하다는 것을 인식하게 됐다. 우주의 모습은 궁극적으로 시간, 공간, 물질, 에너지, 중력과 같은 기본적인 몇 개의 물리적 양으로 표현되었다. 그러나 아인슈타인은 특수상대성이론에서 물질과 에너지의 등가원리를 밝혀냈고, 일반상대성이론에서는 시공연속체의 결코 나눌 수 없는 분리불가성을 보여주었다.

우주 전체는 하나의 기본장

통일장이론은 이러한 통합과정의 최고 절정을 추구했다. 통일장이론의 거시적 관점으로 볼 때, 우주 전체는 하나의 기본장으로 나타난다. 이 기본장 내에서 각각의 별과 원자, 방황하는 혜성과 천천히 도는 은하와 빠르게 비행하는 전자들은 시공단일체 내의 잔잔한 물결이나 약간의 팽창 정도로만 보일 뿐이다. 그리하여 이렇듯 심오한 단순함이 표면적인 자연의 복잡함을 대신하고 있다. 중력과 전자기력, 물질과 에너지, 전하와 장, 공간과 시간 사이의 상호관계가 밝혀짐에 따라 이 모든 구분은 점차 사라질 것이다. 그들은 아인슈타인이 말한 우주, 곧 4차원 연속체라는 형태로 통합될 것이다. 이렇게 해서 세계에 관한 인간의 인식과 실체에 관한 추상적인 직관은 결국 하나로 통일되며, 깊이 숨어 있는 우주의 통일성은 드러나게 된다.

통일장이론은 '모든 과학의 원대한 목표'를 다루고 있다. 아인슈타인이 정의한 것처럼 통일장이론의 목적은 가능한한 최소의 가설과 공리로부터 논리적 추론을 통해 최대한 많은 경험적 사실을 다루는 것이다. 수많은 전제를 통합하고, 개념을 통일하고, 드러난 세계의 다양성과 특이성을 넘어 조화와 통일성에 이르려는 욕구는 과학의 출발점일 뿐 아니라 인간 지성이 갖는 가장 숭고한 정열이다. 과학자와 마찬가지로 철학자와 신비주의자 역시 자기성찰을 통해 변화하는 세계를 지배하는 불변의 본질을 찾고자 노력해온 게 사실이다. 2300년 전, 플라톤은 다음과 같이 말했다. "지식을 참으로 사랑하는 자는 언제나 실재를 갈구하며 … 겉모양뿐인 잡다한 현상에 안주하지 않는다."

그러나 인간이 실체를 탐구하는 일은 다음과 같은 아이러니와 만나게 된다. "자연이 그 숨겨진 모습을 드러내면서 혼돈으로부터 질서가 나타나고, 다양성으로부터 통일성이 나옴에 따라 수많은 개념이 통합되고 기본 법칙들이 점차 단순해졌다. 그렇지만 실제 전개되는 상황은 오히려 일상적인 경험 세계에서 훨씬 더 멀어져갔다. 익숙한 얼굴 뒤에 숨어 있는 골격 구조보다 더 알기 어려운 모양이 돼가고 있다."

빙산과도 같은 실체의 세계

왜냐하면 우리는 두개골을 보고 그 사람의 생전 얼굴 윤곽을 가늠할 수 있지만, 우리의 감각에 비치는 나무의 이미지와 파동역학을 통해 본 나무의 모습 사이에는, 그리고 별이 빛나는 여름 밤하늘의 모습과 유클리드적 우주 공간을 대신하는 4차원 연속체로 표현한 모습 사이에는 전혀 유사성이 없기 때문이다. 실체와 외형을 구별하고 우주의 근본구조를 드러내기 위해 과학은 '불완전한 감각, 즉 감각의 허구'라는 산을 넘어야 했다. 그러나 그렇게 해서 얻은 최고의 걸작품은 아인슈타인도 지적했듯이, 내용을 다 버리는 대가를 치르고 얻은 꼴이 됐다.

이론적 개념은 그 내용을 다 버리면 결국 감각적 경험과 분리되는 시점에 이르게 된다. 인간이 진짜로 알고 있는 세계는 자기를 위해 감각이 만들어낸 세계이기 때문이다. 감각을 통해 본 인상과 기억 속에 저장된 인상을 모두 지워버린다면 아무 것도 남아 있지 않게 된다. 이것이 철학자 헤겔이 말한 "순수 존재Pure Being와 무Nothing는 동일하다"는 얘기다.

감각의 표현 대신 상징적 체계 사용

상호연관이 없는 존재 상태는 무의미하다. 역설적으로 말하면, 과학자나 철학자가 말하는 '겉으로 드러난 세계(현상세계)', 다시 말해 빛과 색, 파란 하늘과 초록색 잎, 숨 쉬는 바람과 흐르는 물같이 인간의 감각기관에 의해 구축된 세계는 유한한 인간이 인간 고유의 특성에 의해 제한받는 세계이다. 그리고 과학자나 철학자가 말하는 '실체의 세계'란 바다 밑에 잠겨 있는 빙산처럼 인간의 인식이 접근할 수 없는 곳에 색도 없고 소리도 없고 만질 수도 없는 세계로서, 상징들로 구성된 골격같은 것이다. 그런데 이 '상징'이란 것은 변하기 마련이다. 예를 들어 지난 세기의 물리학자들은 장미의 붉은색을 '주관적이고 심미적인 감각'으로 받아 들이면서, 실체 세계에서는 붉은색이 '빛을 전파하는 에테르의 진동'이라고 믿었다. 오늘날은 붉은색을 파장으로 구분하는 것이 보통이다. 그것을 광자가 갖는 에너지값이라 봐도 적절하다. 이러한 생각들로 인해 한 유명한 물리학자는 "월요일·수요일·금요일에는 양자론을 사용하고, 화요일·목요일·토요일에는 파동설을 사용한다"고 냉소적으로 말하기도 했다. 어떤 경우에서나 사용된 개념은 이론의 추상적 표현이다.

더 자세히 들여다보면 중력, 전자기, 에너지, 전류, 운동량, 원자 혹은 중성자라고 하는 모든 개념은 사물에 내재된 참된 객관적 실체를 그려내는 데 도움을 주고자 인간의 지성이 만든 이론적 기반구조, 신조어, 은유에 불과함을 알 수 있다. 그래서 과학은 부정확하고 변덕스런 감각의 표현 대신, 다양한 상징적 표현체계를 사용한 것이다. 이러한 상징체계는 부단히 발전한 수학적 정확도로 인해 현저히 부각되었다. 반면 이전의 오류를 밝힐 수 있다고 해서 자신이 궁극적 진리를 명확히 표현할 수 있다고 생각하는 과학자는 오늘날엔 없을 것 같다. 오히려 그와는 반대로 현대 이론가들은 뉴턴 시대와 마찬가지로 자기들의 진전은 선배들이 앞서 이뤄놓은 토대 위에서 가능했다고 생각한다. 또한 선배들의 관점을 자신들이 잘못 이해한 것처럼, 자기들의 어떤 관점도 후배들에게 그렇게 될 수 있다는 사실을 알고 있다.

'감옥'은 시각적 한계를 지닌 세계

계속 새로운 것이 드러나리라는 희망에도 불구하고, 우주의 다양성을 이해하려는 인간의 투쟁은 넘어설 수 없는 한계점에 도달했을 수도 있다. 소우주를 들여다볼 때, 인간은 불확정성과 이중성, 역설이라는 장벽에 부딪히게 된다. 이때부터 인간의 지나친 호기심은 관찰과정을 변형하거나 손상시켜 사물의 핵심을 명확히 들여다볼 수 없게 된다. 또한 대우주를 탐구해보면 시간과 공간, 질량과 에너지, 물질과 장의 특징이 없는 궁극의 합일체, 곧 더이상 나아갈 수 없는 최종적이고 단조로운 영원한 지점에 도달하게 된다. 플라톤은 이를 두고 "감옥은 시각적 한계를 지닌 세계"라고 했다. 그런데 이 감옥을 빠져나오기 위해 과학이 한 시도는 오히려 상징과 추상적

기호라는 더 모호한 영역으로 이끌 뿐이다.

완벽하게 일관성 있는 표현을 얻게 될 때, 즉 이론과 자연의 진행 과정이 완전무결한 일치를 얻을 때, 과학지식의 최고 경지에 도달했다고 말할 수 있다. 이처럼 일관된 표현은 정말로 완벽해서, 관찰된 모든 현상을 하나도 빠짐없이 설명할 수 있어야 한다. 이 목표에 접근하는 과정에서 이제까지의 과학은 가장 뚜렷한 실질적 승리와 작전상의 승리를 성취했다. 왜냐면 사물의 '본성'에 대해서는 언급하지 않았지만, 사물간의 관계를 규정하고 사물이 포함된 사건을 서술하는 데 성공했기 때문이다.

알프레드 노스 화이트헤드는 "사건은 실재하는 사물의 단위이다"라고 선언했다. 이 말이 뜻하는 바는 아무리 이론체계가 변화되고, 그 이론체계를 표시하는 상징과 개념에 내용이 비어 있다 하더라도, 과학과 인생에서 본질적이고 영원히 지속될 사실은 '발생한 일들, 활동, 사건'이라는 얘기다. 이같은 사고의 함축적 의미는 두 전자의 만남과 같은 단순한 물리적 사건을 생각해보면 잘 설명된다. 현대 물리학의 체계 안에서는 이 사건을 다음과 같이 묘사할 수 있다. 그것은 두 기본 물질 입자의 충돌이나 두 전기 에너지의 기본적 단위의 충돌, 혹은 입자의 합류나 확률파의 합류 또는 4차원 시공연속체 안에서의 소용돌이의 융합으로 표현할 수 있다.

자연을 벗어날 수 없는 유한한 존재

이 이론은 충돌 현상에 있어서 가장 중요한 것이 실제로 무엇인가를 정의하지는 않는다. 그러므로 어떤 의미에서 전자는 '진짜'가 아니라 이론적 상징일 뿐이다. 반면에 그 충돌현상 자체는 현실적으로 존재하는 것이다. 다시 말해 그 사건은 실재라는 얘기다. 마치 진짜 객관적 세계가 투명한 둥근 플라스틱 지붕 밑에서 그 절반은 감춘 채로 영원히 놓여 있는 것과 같다. 이론에 대한 해석이 끊임없이 바뀜에 따라 왜곡되고 변형된 희미한 표면을 들여다보면서, 인간은 외형상 안정된 관계와 반복되는 사건을 겨우 찾아낼 정도이다. 이러한 관계와 사건을 시종 일관되게 표현할 수 있다는 것은 인간지식의 최대치라 할 수 있다. 이 한계점을 넘어서면 인간은 허공만

바라볼 뿐이다.

　과학적 사고의 진보에 따라 한 가지 사실이 매우 뚜렷해졌다. "물리적 세계의 신비라면 어떤 것이든지, 그 너머에 또 하나의 신비를 가리키고 있다." 인간의 지성이라는 큰길이나, 이론과 추측이라는 샛길이나 모두 인간의 재주로는 도저히 닿을 수 없는 심연에 결국 이르게 된다. 왜냐하면 인간은 자연계 안에 존재하고 유한하며, 자연을 벗어날 수 없는 상태로 묶여 있기 때문이다. 물리학자 닐스 보어가 말한 것처럼, "인간은 자기의 시야를 넓히면 넓힐수록 존재라는 커다란 드라마 속에서 관람객과 배우의 일인이역을 하고 있다"는 사실을 생생히 깨닫게 된다.

　그러므로 인간이야말로 가장 신비스런 존재다. 인간은 자신을 이해하지 못하는 까닭에 자신이 내던져진, 신비 속에 가려진 광대한 우주도 이해하지 못한다. 자신의 유기적 진행 과정도 거의 모르며, 주위의 세계를 인식하고 추리하고 상상할 수 있는 독특한 능력에 대해선 조금밖에 알지 못한다. 인간은 가장 고상하고 신비스러운 기능, 곧 인식이라는 행위 속에서 자신을 초월해 자기 자신을 인식하는 능력에 대해서는 전혀 이해하지 못한다.

보이지 않는 것에서 나온 보이는 것들

인간의 능력으로 피할 수 없는 막다른 골목은 인간이 탐구하려는 세계의 일부분이 바로 '자기 자신'이라는 점이다. 우리의 신체도, 두뇌도 별들 사이 공간을 떠도는 검은 먼지구름의 기본입자와 똑같은 입자로 돼 있다. 결국 인간은 영원한 시간과 공간 속의 한낱 덧없는 존재에 불과하다는 얘기다. 대우주와 소우주의 중간에 서 있을 때 인간은 양쪽 모두에서 장벽을 발견하게 된다. 그러므로 우리는 1900년 전에 바오로 사도가 그랬던 것처럼, 다음과 같은 말로 경탄할 수밖에 없다. "우리는 세상이 하느님의 말씀으로 창조되었음을 믿습니다. 따라서 보이는 것은 보이지 않는 것에서 나왔음을 깨닫습니다."◆

◆ 『히브리인들에게 보낸 서간』 11장 3절

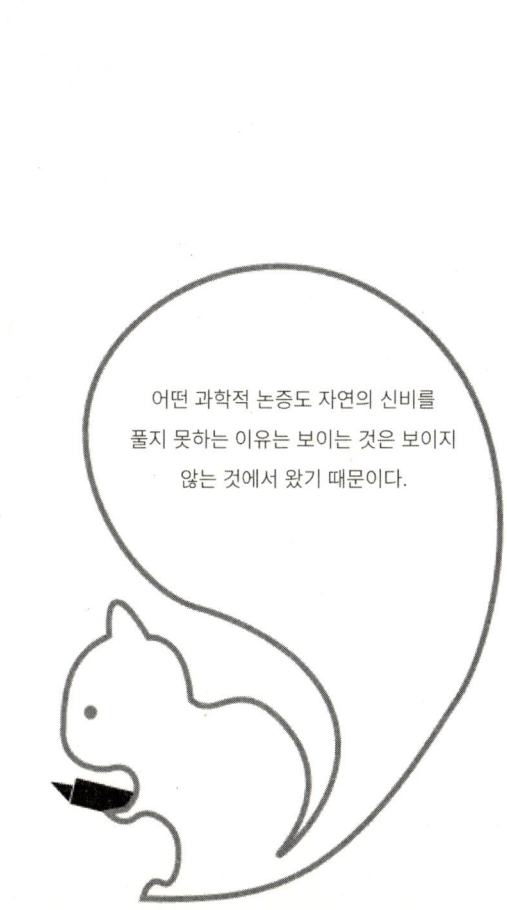

어떤 과학적 논증도 자연의 신비를 풀지 못하는 이유는 보이는 것은 보이지 않는 것에서 왔기 때문이다.

부록

이론물리학에는 주어진 개념에 접근하는 방식이 몇 개 있다. 100~109페이지에서 다룬 관성질량의 증가원리에 관한 해설은 많은 대학의 물리학 교재에 사용된 것처럼 이해하기 쉬운 해설형식을 따르고 있다. 수학적 지식을 어느 정도 가진 독자라면 아인슈타인이 그의 저서 『상대성이론: 특수상대성이론과 일반상대성이론Relativity, the Special and General Theory』에서 밝힌 바와 같이, 이 원리의 발전 과정을 읽어보는 것도 좋을 것 같다. 이 책의 발행인 피터 스미스의 허가를 얻어 핵심 인용구를 소개하자면 다음과 같다.

> "특수상대성이론이 이끌어낸 일반적이고 가장 중요한 결과는 질량의 개념과 관련이 있다. 상대성이론이 출현하기 전의 물리학에서는 근본

적인 중요성을 갖는 두 개의 보존법칙을 인정했다. '에너지보존법칙'과 '질량보존법칙'이 그것이다. 이 두 가지 기본 법칙은 서로 독립된 것처럼 보였으나 상대성이론에 의해 하나로 통합되었다."

"상대성이론을 따르면 질량이 m인 물질점의 운동에너지는 잘 알려진 공식 $m\dfrac{v^2}{2}$가 아니라 다음과 같다." ……… $\dfrac{mc^2}{\sqrt{1-\dfrac{v^2}{c^2}}}$

"우리는 비교적 간단한 사고를 통해 다음과 같은 결론에 도달한다. 물체가 복사 형태로 에너지 E_0를 흡수하고, 처음부터 속도의 변화없이 v로 운동하고 있다면, 결국 다음 양만큼 에너지가 증가한다." …………………… $\dfrac{E_0}{\sqrt{1-\dfrac{v^2}{c^2}}}$

"물체의 운동에너지를 가지고 위의 공식을 생각하면 물체에 필요한 에너지는 다음과 같다." …………………… $\dfrac{(m+\dfrac{E_0}{c^2})c^2}{\sqrt{1-\dfrac{v^2}{c^2}}}$

"그러므로 물체는 속도 v로 운동하는 질량 $(m+\dfrac{E_0}{c^2})$의 물체가 갖는 에너지와 동일한 에너지를 갖는다. 따라서 다음과 같이 말할 수 있다. 만일 한 물체가 E_0의 에너지를 얻으면 그의 관성질량은 $\dfrac{E_0}{c^2}$만큼 늘어난다. 물체의 관성질량은 상수가 아니다. 그 물체의 에너지 변화에 따라 달라진다. 어떤 물질계의 관성질량은 그 계의 에너지 척도로도 간주될 수 있다. 따라서 어떤 계의 질량보존법칙은 에너지보존법칙과 같게 된다."

찾아보기

ㄱ-ㄴ

가모프, 조지(Gamow, George) 168
가속과 질량 102, 125
가시광선 31-33, 56
간섭계 71, 72
갈릴레오 21, 65, 75, 82, 126
감각의 허구 187
감각적 특성 27, 187
감마선 32, 55, 171, 184
결정론 57
경험세계 187
고정계 75
곡률 148, 158, 165, 169, 181
공간 54, 67, 69, 81, 108, 109-141, 151-178, 180-187, 190
    공간과 상대성원리 133-140
    공간에 대한 뉴턴의 견해 67
    공간연속체 111
    라이프니츠의 공간 정의 77
    시공연속체 110-118, 130, 141, 155, 160, 182, 192
    절대공간 69, 77
과학 12-30, 34-38, 47-49, 55, 106-108, 114, 137-144, 155, 171-195
    과학과 신앙 179
    과학과 철학사상 49, 178
    과학의 목적 19, 65
관성 124, 125, 126, 132, 147
    관성력 135
    관성의 등가원리 130, 135, 136
관성법칙 124-126, 132, 147
광년 80
광양자 50
광자 40-45, 52, 56, 58, 106, 162, 171, 189

광전효과 36, 40, 41, 56
광파 16, 44, 73, 80
구조법칙 141
기계적 우주 21
기준계 79, 88
기준체 63, 74, 122
기차와 번개 비유 86
기하학적 속성 28
나만의 시간 78
뉴턴, 아이작(Newton, Isaac) 13, 21-26, 36, 62-70, 97, 108, 124-148, 155, 189
　뉴턴 우주론 69
　뉴턴 태양계 66
　뉴턴과 갈릴레오의 상대성원리 65
　뉴턴의 관성법칙 124, 132, 147
　뉴턴의 중력법칙 126, 131, 142

ㄷ-ㄹ

대우주와 소우주 35
데모크리토스(Democritus) 27
데이비슨, C. J.(Davisson, C. J.) 47
데카르트(Descartes) 34, 68
동시성의 상대성 87
드브로이, 루이(de Broglie, Louis) 45, 48
등속운동 9, 62, 65, 75, 123, 133, 136
라듐 32, 55, 105
라이프니츠(Leibnitz) 28, 77
러셀, 버트런드(Russell, Bertrand) 20
로렌츠 변환 85, 88-96
로렌츠, H. A(Lorentz, H. A) 85, 90
로버트슨, H. P.(Robertson, H. P.) 7, 166
로크, 존(Locke, John) 28, 62
르메트르(Lemaitre) 167

ㅁ

만유인력 109
매개체 17, 68, 73, 115
맥스웰, J. 클러크(Maxwell, J. Clerk) 48, 68, 139, 140
몰리, E. W.(Morley, E. W.) 69-75, 83
무게 66, 83, 102, 149, 151
물질 17, 19, 25-29, 45-52, 68, 96, 101-111, 142, 155-184, 190, 192

물질과 에너지 19, 25, 29, 105-108, 169, 181, 184
미시우주 35
미컬슨, A. A.(Michelson, A. A.) 69-75, 83
미컬슨과 몰리 간섭계 72
민코프스키, 헤르만(Minkowski, Herman) 115
밀레토스 학파의 탈레스 20

ㅂ

방사능 26
방사선 41, 170, 175
방사성 97, 103, 105, 151
방정식 26, 34, 39, 47, 50-59, 85, 90-105, 139, 162, 183
　$E=h\nu$ 37-39
　$E=mc^2$ 105, 106
　$\lambda=h/mv$ 48
　$m = E/c^2$ 104, 148, 152
　$m = \dfrac{m_0}{\sqrt{1-v^2/c^2}}$ 152
　드브로이의 방정식 48
　로렌츠 변환 방정식 89
　양자 에너지 방정식 37, 38
　질량증가의 원리 방정식 102

버클리(Berkeley) 15, 29, 34
법칙, 관성법칙 124-126, 132, 147
　뉴턴의 중력법칙 126, 131
　변환법칙 81, 84
　아인슈타인의 중력법칙 137, 141,
　열역학법칙 171
베타입자 103
변환법칙 81-84
별, 별과 시공연속체 117
　별구름 114, 154
　별의 나이 171
　태양 중력장에서 별빛 148
별구름(진운) 가설 172
보른, 막스(Born, Max) 49-51
보어, 닐스(Bohr, Niels) 193
복사, 복사와 물질 52, 105, 106
　복사선 106, 152, 184
　복사에너지 37, 39, 55
　복사와 양자론 36
분자 48, 168
불확정성 52-57, 190
비등속운동 123, 136
빛, 빛과 중력 142, 144-152
　빛에 미치는 중력의 효과 142, 144, 146
　빛에너지 31, 33

빛의 속도 71, 75, 83-84, 90, 94-97, 102, 107
빛의 이중성 42, 45
빛의 입자성과 파동성 26, 48
빛의 회절 43-48, 50
태양의 중력장 내에서 일어나는 별빛의 굴절 150

ㅅ

상대성이론 25, 74-85, 90-123, 130, 142, 146, 150-155, 161, 181, 182, 184, 19
　나이와 상대성이론 98
　동시성의 상대성 87
　로크의 상대성에 대한 고찰 62
　아인슈타인의 일반상대성이론 108-110, 118-123, 130, 136, 142-155, 182, 196
　아인슈타인의 특수상대성이론 75, 81, 92, 108, 115, 120-123, 148, 184, 196
　위치와 운동의 상대성 63
　질량증가의 원리 102, 103
　철학적 체계로서 상대성이론 108
선험척 가설 164, 176

섬우주 165
색 지각 31
생리적 진행과 상대성 98
속도, 빛의 속도 71, 75, 83-84, 90, 94-97, 102, 107
　상대속도 82, 83
　속도합산 82
　에테르설 관점의 지구의 속도 70
　전자의 속도 56, 57
속성, 기능적 조화 34
　불변의 법칙 74, 83, 84
　수학적 표현 26, 50, 58, 59
　이중성 45
수성 79, 142-144
수학, 현대 우주론의 기반으로서
　수학 25-25, 34-35, 50, 58, 90, 114, 141
슈뢰딩거, E.(Schrödinger, E.) 47, 48, 50
스피노자(Spinoza) 34
시간 24-30, 37, 60, 72, 74, 77-81, 87-100, 108, 112-118, 141, 151, 161-163, 170, 173, 178, 180-85, 190, 194
　4차원으로서 시간 110-114, 118, 192

시간과 상대성원리 79, 85-88
아인슈타인의 시간 정의 78
인지의 형태로서 시간 30
절대시간 77, 79
중력의 시간에 대한 영향 151
시공연속체 115, 117, 138, 141, 142, 155, 160, 182, 185, 192
2차원 시공연속체 113
4차원 시공연속체 110, 113, 118, 192
시리우스의 짝별 151, 152
신앙과 과학 106
신의 섭리 34
실체(Reality), 뉴턴 학파의 실체 21-22
실체세계 188
실체와 4차원 시공연속체 115, 185
실체와 상대성이론 96, 97
실체와 양자물리학 53, 188, 189
아리스토텔레스학파의 실체 20
아인슈타인의 실체에 대한 질문 60
십진법 33

아르크투루스 80

아르키메데스(Archimedes) 13
아리스토텔레스(Aristotle) 20, 21, 25
아이브스 H. E.(Ives, H. E.) 97
아인슈타인 효과 149, 152
아인슈타인, 알베르트(Einstein, Albert) 13, 74, 139
광전효과 36, 40, 41, 56
동시성의 상대성 87
상식에 대해 95, 111
시간 감각에 대해 81
신앙에 대해 180
에테르설 거부 75
우주에 대한 신념 60
일반상대성이론 108-110, 118-123, 130, 136, 142-155, 182, 196
질량 에너지 등가원리 171
참된 학문의 씨앗 179
철로의 비유 82
통일장이론 186
특수상대성이론 75, 81, 92, 108, 115, 120-123, 148, 184, 196
양성자 42, 47, 103, 168
양성자 가속기 103

양자 37
양자 에너지 37
양자 에너지 방정식 37
양자원리 38
양자(이)론 25, 26, 36, 39, 97, 108, 181, 189
양자역학 52, 53, 57-61, 183
양전자 171
에너지 19, 25, 29, 31, 37-41, 48, 55, 56, 103-108, 148, 169-171, 181-185, 189, 190-192, 197
복사 에너지 55
양자 에너지 37
에딩턴, 아서(Eddington, Arthur) 38
에르스텟, H. C.(Oersted, H. C.) 16
에테르 68-75, 189
미컬슨과 몰리의 실험 69-73
에테르설 71, 75
엑스선 55, 56, 184
엔트로피 169, 170
엘리베이터 비유 131, 146
연속체 111-118, 138-142, 155, 160, 182, 185, 192
열역학 제2법칙 171
우라늄 26, 46, 105, 175

우주, 거시우주와 미시우주 35
뉴턴의 우주 69
맥동우주 176
빛의 관점에서 본 아인슈타인의 우주 이론 76
아인슈타인의 우주 개념 111
우주 내에 있는 물질의 평균 밀도 162
우주 팽창 165-176, 85
우주와 수학적 원리 34
우주와 유클리드 기하학 157-159, 187
우주의 기원 164-176
우주곡선 160
우주선 32, 33, 174
우주적 지성 118
운동, 등속운동 62, 65, 75, 76, 123, 124, 133, 136
비등속운동 123, 136
운동계 93, 121
운동과 변환법칙 82, 84
절대운동과 상대운동 67, 75, 120, 136, 137
원거리상호작용 138
운동법칙 108, 141
원리

갈릴레오의 상대성원리 65, 75
광속불변원리 62, 74, 83, 84
뉴턴학파의 상대성원리 65
불확정성원리 54
속도합산원리 84, 85, 88
중력과 관성의 등가원리 135, 171, 184
원심력 134-136
원인과 결과 57
원자 17, 18, 24-29, 38, 42-48, 54, 56, 60, 97, 167-169, 176, 181-185
원자물리학 38, 103
유클리드(Euclid) 157-160, 187
인과론과 결정론 57
인식 29-33, 38, 58, 63, 77, 96, 102, 107, 175, 185, 188, 194
일반상대성이론 108-110, 118-123, 130, 136, 142-155, 182, 196

ㅈ - ㅊ

자기, 전자기 16-19, 71, 138, 189
자기장 16, 18, 139, 140
자외선 31, 41
저머 L. H.(Germer, L. H.) 47
적색초거성 35, 176

적외선 31, 41
전기 16-20, 41, 59, 105, 106, 138, 140
전기장 103, 139, 140
전자 17-19, 39-57, 103, 106, 162, 168, 171, 185, 192
전자기 16-18, 189
전자소나기 41, 49
전자파 32, 73, 184
전파 16, 32, 33, 184
절대 기준계 76, 79
절대 정지계 75
주체와 객체 27
중간자힘 17
중력 16-19, 109, 110-128, 131-146, 155, 171, 173, 181-185, 189
뉴턴의 중력법칙 131
아인슈타인의 중력법칙 137, 141
중력과 관성의 등가원리 130, 135, 136
중력과 시공연속체 118, 182
중력과 유클리드 기하학 159
중력과 절대운동 123
중력이 빛에 미치는 효과 142, 144, 146
중력가속도(G-Load) 136

중력과 관성의 등가원리 130, 135, 136
중력장 17, 18, 130-154, 159, 160, 183
중성자 42, 168, 171, 176, 189
진스, 제임스(Jeans, James) 46, 161
질량, 질량과 에너지 46, 101-108, 148-152, 190, 197
    질량 상대성원리 101
    질량과 속도 102
질량에너지 등가원리 171
천체역학 81
철학적 체계 15, 108

ㅌ-ㅎ

탈레스 20
태양, 태양의 온도 17, 18, 31, 66, 70, 79, 105, 116, 120, 121, 134, 144, 149, 151, 168, 170, 173, 176
텔레비전(TV) 42
톨먼, R. C.(Tolman, R. C.) 169
통일장, 통일장이론 16, 18, 178, 181-187
파, 전자기파 32, 184
파동설 41, 43, 50, 189
파동역학 47
파동함수 47, 50
파립자 51

파장, 가시광선의 파장 33
    다양한 유형의 파장 32
    분자의 파장 48
    전자의 파장 47
팔로마산의 반사망원경 180
포스딕, H. E.(Fosdick, H. E.) 13
플라톤(Plato) 186, 190
플랑크, 막스(Planck, Max) 36-39, 47, 57
플랑크 상수 38, 48, 57
하이젠베르크, W.(Heisenberg, W.) 51, 54, 55
허블, 에드윈(Hubble, Edwin) 163
현상세계 188
형이상학과 현대 물리학 27
화이트헤드, A. N.(Whitehead, A. N.) 191
확률파 50, 51, 58, 106, 192
휘플, 프레드. L(Whipple, F. L.) 172
흄, 데이비드(Hume, David) 13
히포크라테스(Hippocrates) 12

옮긴이의 글

전 세계 과학도들이 매년 3월 14일에 갖는 파이데이 (π-Day) 행사가 올해는 조금 남다를 것 같다. 이 날은 아인슈타인의 생일(1879.3.14)이기도 하지만, 지난해 세상을 떠난 스티븐 호킹의 기일(2018.3.14)이기 때문이다. 원주율을 의미하는 3.14가 두 천재 과학자의 생일이자 기일이라는 것도 공교롭지만, 우주 탐구에 평생을 바쳤던 두 사람 모두 76세를 일기로 하늘의 별이 되었다는 사실은 일부러 만들려고 해도 어려운, 기막힌 우연이 아닐 수 없다.

과학자가 아이들의 장래 희망 1순위였던 때가 있었다. 그 시절 뉴턴과 아인슈타인, 에디슨과 마리 퀴리는 호기심 많은 소년 소녀들에게 과학자의 꿈을 갖게 한 영웅이었다. 그중에서도 가장 영향력 있게 아이들 가슴 속의 롤모델로 새겨진 이를 들라면 단연 아인슈타인을 꼽을 수 있다. 1915년, 아인슈타인이 일반상대성이론을 발표하면서 예측했던 중력파의 실체가 100년만에 라이고(LIGO, 레이저 간섭계 중력파 관측소) 연구진에 의해 입증되었다. 2015년부터 2017년까지 세 차례에 걸쳐 중력파의 존재가 확인되면서 '역시 아인슈타인!'이라는 찬사가 쏟아졌고, 그는 '불세출의 천재 과학자'라는 부동의 자리를 굳히게 된다. 그 덕분에 라이고의 연구 결과는 21세기 최고의 물리학적 성과라는 말을 들으며, 2017년 노벨물리학상을 받게 된다.

노벨물리학상 수상자로 미국 벨연구소 아서 애슈킨 박사가 선정됐다는 소식이 전해지던 지난해 10월이었다. 아무리 백세시대라지만 96세 노벨상 수상자라니… 놀라움과 존경심에 고개를 젓던 그날, 출판사로부터 번역 의뢰가 들어왔다. 백세시대에 오학년은 참으로 애매한 나이다. 아래위로 끼인 중년의 삶이란 허무와 황당, 혼돈과 침묵이 수시로 교차하는 터, 요즘 내 삶도 해석이 어려운 때에 과학책 번역이라니, 처음엔 좀 망설였다. 그러나 온라인 서점을 통해 받아본 1948년 판 『우주와 아인슈타인 박사』는 뒷골목 헌책방에서 귀한 고서 한 권을 발견했을 때와 비슷한 묘한 감흥을 주었다. 유난히 낡고 바랜 겉장 위로 빛을 타고 꽂히는 먼지기둥은 1948년, 40세의 저자가 70세 노과학자에게 원고를 내밀며 추천사를 부탁하던, 아인슈타인의 서재를 비추는 마법의 조명 같았다.

아인슈타인이 노년에 몸담고 있던 뉴저지주 프린스턴 고등연구소 근처에는 천재 과학자와 그의 이론에 심취한 저널리스트 한 명이 있었으니, 바로 이 책의 저자 링컨 바넷이다. 프린스턴대와 컬럼비아대에서 저널리즘을 공부하고, 「뉴욕 헤럴드 트리뷴」 기자를 거쳐 「라이프」 잡지 편집자로 일하던 그는 일본에 원자폭탄이 투하된 이듬해인 1946년, 「라이프」를 떠나 전업 작가로 활동을 시작한다. 그는 아인슈타인의 상대성이론과 통일장 이론에 깊은 관심을 가지면서 그 이론을 알기 쉬운 교양서로 펴내기 위해 몇 년의 시간과 노력을 기울인다. 과학책의 대중화라는 저자의 의도와 아인슈타인이 추천사를 통해 극찬한 점, 현대 물리학사와 우주론의 변천사를 쉽게 설명해준 과학 교양서의 고전이라는 점은 이 책의 번역 가치를 충분히 대변해주었다.

이 책은 뉴턴과 갈릴레오 시대를 이어 우주의 실체 탐구에 나선 물리학 이론들을 망라한 현대 물리학 해설서이다. 자연계의 본질을 밝히기 위한 기나긴 여정 속에서, 생장·진화·발전을 거듭한 수많은 법칙과 이론들이 과학의 최종 목표로 가는 길 위의 이정표처럼 소개돼 있다. 그 이론들은 결국 상대성이론(거시세계)과 양자론(미시세계), 그리고 둘 사이의 다리를 놓는 '통일장이론'이라는 아인슈타인의 큰 그림을 향해 바톤을 이어받으며 달려온 마라톤 주자들과 같다.

저자는 특수상대성이론과 일반상대성이론에서 아인슈타인이 밝힌 시간과 공간, 물질과 에너지, 질량과 빛과 속도, 중력과 관성 등 자연계의 비밀을 복잡한 수식이 아닌, 일상의 쉬운 예화로 표현하고 있다. 또한 아인슈타인의 인식론적 우주관과 종교관까지도 엿볼 수 있어 '상대성이론은 단순한 자연법칙이 아니라 인식의 변혁을 가져오는 사고체계'라는 말을 이해할 수 있게 된다.

옮긴이는 1957년 최종 개정판의 무삭제 버전으로 도버출판사가 2005년에 재출간한 *The Universe and Dr. Einstein*을 토대로 1948년 초판과 비교해가며 번역했다. 개정판이라도 크게 달라진 내용은 없었다. 초판이 아인슈타인 생존 시 발행됐기 때문에 사후에 그에 관한 언급이 조금 달라졌으며, '중간자힘'의 개념이 추가됐고, 몇 개의 예화가 첨삭되었다. 원서는 1장부터 15장까지 장의 구분만 있을 뿐, 장별 제목도 없는 단순 통편집된 책이었다. 이를 번역하면서 편집부와 함께 각 장의 제목과 중간제목, 발문과 찾아보기를 추가해 가독성을 높이고 독자의 편의를 도모했다.

조건 없이 번역을 허락해준 저자의 장남, 티머시 바넷에게 감사를 표하며, 의미 파악이 애매할 때마다 달려갔던 옆집 샌드라 시몬 변호사에게 감사를 전한다. 수식 표현과 관련해 조언을 주시고, 다양한 질문에도 매번 친절히 답해주신 UC버클리 수학과 신석우 교수님과 물리학자인 스탠퍼드대 영상의학과 박승민 박사님께 감사드린다. 또한 상세한 기술 강의는 물론, 기꺼이 감수를 맡아준 박병현 박사님께 고마움을 전한다. 이번 작업을 위해 애를 많이 쓴 글봄의 박세영 대표와 신동헌 디자이너에게도 큰 사의를 표하고 싶다. 끝으로, 엄마라는 소중한 이름을 갖게 해준 우리 아이들과, 날마다 삶의 의미를 불어넣어 주시는 예수님께 사랑과 감사의 마음을 담아 드린다.

송혜영

▶ **송혜영**은 IT 전문기자를 거쳐 국내 인터넷 상용화 초기에「월간 인터넷」편집장을 역임했다. 1997년 미국에 건너가「월간 인터넷」,「마이크로소프트웨어」,「PC Week」의 실리콘밸리 특파원과「동아일보」실리콘밸리 통신원으로 활동했다. 샌프란시스코「Weekly Hyundae News」의 편집장을 거쳐 현재 프리랜서 편집·기획자와 번역가로 활동중이다.

감수자의 글

 이미 발견된 자연법칙들이 일상생활에 유용하게 응용되고 있지만, 그것의 기초가 되는 이론에 대한 관심은 점점 더 줄어든다. 과학 문명의 진보 뒤에는 자연 현상의 근본 원리를 찾기 위한 수많은 사람들의 수고가 있었고, 그 결과를 바로 얻지 못해도 끊임없이 전진하는 소수의 사람이 항상 있어왔다.

 이 책은 그들 중 한 사람으로서 아인슈타인이 어떻게 우주와 자연 현상의 원리 탐구에 임했는가를 잘 보여준다. 무엇보다도 이 책은 아주 작은 원자에서 광대한 우주에 이르기까지 이들을 지배하는 원리를 수학적 공식이 아닌 일상생활의 현상을 통해 잘 설명하고 있다. 특히 아인슈타인의 상대성이론이 물리학을 전공한 사람들의 전유물이 아닌 우리의 일상생활과 관련이 있는 현상들을 지배하는 원리임을 누구나 알 수 있게 설명해준다.

우리가 살아가는 이 태양계에는 경험으로 알 수 있는 무수히 많은 물리적 현상들이 존재한다. 지구의 수많은 생명체가 서로 조화를 이루며 존재하듯이 태양과 지구가 조화를 이루고, 우주의 수많은 별 또한 어떤 원리에 지배를 받으며 조화를 이룬다. 이 책은 우주의 질서와 자연의 조화를 볼 수 있도록 관점을 넓혀주며, 태양의 핵융합과 같은 물리적 현상뿐 아니라 생명체의 활동도 인간의 궁극적인 탐구 영역임을 보여준다. 그리고 탐구자인 인간 자신도 결국 자연의 일부로 어떤 원리의 지배 하에 활동하는 하나의 실체임을 알게 해준다.

박병현

▶ **박병현**은 미국 UC버클리에서 핵공학 박사 학위를 받았다. 실리콘밸리 IT 기업에서 이사로 재직중이며 아내, 두 자녀와 함께 샌프란시스코 베이 지역에서 살고 있다.

우주와 아인슈타인 박사
The Universe and Dr. Einstein

지은이_ 링컨 바넷 Lincoln K. Barnett
옮긴이_ 송혜영 Hye-Young Song
감수자_ 박병현 Byung-Hyun Park

펴낸이_ 박세영
편집_ 도희주, 송혜영, 박홍균
디자인_ 신동헌
일러스트_ 박소은(소토리)

펴낸곳_ 글봄크리에이티브
등록_ 2010_000016호
1판 1쇄 인쇄_ 2019년 2월 27일 / 1판 1쇄 발행_ 2019년 3월 14일
1판 2쇄 인쇄_ 2019년 4월 10일 / 1판 2쇄 발행_ 2019년 4월 17일
전화_ 02-507-2340 / 팩스_ 02-507-2350 / 메일_ friend@mustree.com
웹사이트_ www.mustree.com
ISBN_ 978-89-965600-1-2 03440

- 이 책은 저작권법에 의해 한국 내에서 보호를 받는 저작물이므로 무단전재와 무단복제를 금지하며, 이 책 내용의 전부 또는 일부를 이용하려면 반드시 저작권자와 글봄크리에이티브의 서면 동의를 받아야 합니다.
- 이 책의 국립중앙도서관 출판사도서목록은 서지정보유통지원시스템 홈페이지(http://seoji.nl.go.kr)와 국가 자료공동목록시스템(http://nl.go.kr/kolisnet)에서 이용하실 수 있습니다.
 (CIP 제어번호: CIP2019003851)
- 잘못된 책은 구입하신 서점에서 바꿔드립니다.
- 책값은 뒤표지에 있습니다.